时间地图

第2版

集体记忆与过去的社会面貌

[美] 伊维塔·泽鲁巴维尔 / 著　黄顺铭 / 译

图书在版编目（CIP）数据

时间地图 ： 集体记忆与过去的社会面貌 / （美）伊维塔·泽鲁巴维尔著 ； 黄顺铭译. — 2 版. — 成都 ： 四川大学出版社， 2024.1

（媒介与记忆译丛 / 黄顺铭主编）

ISBN 978-7-5690-6608-1

Ⅰ. ①时… Ⅱ. ①伊… ②黄… Ⅲ. ①社会心理学—认知心理学—研究 Ⅳ. ① B842.1

中国国家版本馆 CIP 数据核字 (2024) 第 007010 号

书　　名：时间地图：集体记忆与过去的社会面貌（第 2 版）
　　　　　Shijian Ditu：Jiti Jiyi yu Guoqu de Shehui Mianmao (Di-er Ban)
著　　者：[美] 伊维塔·泽鲁巴维尔
译　　者：黄顺铭
丛 书 名：媒介与记忆译丛
丛书主编：黄顺铭

丛书策划：侯宏虹　陈　蓉　　选题策划：陈　蓉
责任编辑：陈　蓉　　责任校对：张伊伊
装帧设计：叶　茂　　责任印制：王　炜

出版发行：四川大学出版社有限责任公司
　　　　　地址：成都市一环路南一段 24 号（610065）
　　　　　电话：（028）85408311（发行部）、85400276（总编室）
　　　　　电子邮箱：scupress@vip.163.com
　　　　　网址：https://press.scu.edu.cn
印前制作：四川胜翔数码印务设计有限公司
印刷装订：四川省平轩印务有限公司

成品尺寸：148mm×210mm
印　　张：10
字　　数：230 千字

版　　次：2023 年 1 月 第 1 版
　　　　　2024 年 1 月 第 2 版
印　　次：2024 年 1 月 第 1 次印刷
定　　价：68.00 元

扫码获取数字资源

四川大学出版社
微信公众号

“媒介与记忆译丛”总序

作为一种社会现象,记忆乃是人类社会生活之基础,它在人类历史进程中不断地走向外化。每个人的血肉之躯都提供了一个天然的记忆媒介,但这种具身的“生物记忆”和“内部记忆”仅仅是人类历史上众多记忆形态之一。其他记忆形态都始终或多或少、或深或浅地牵涉体外化的记忆媒介,诸如文字、图像、声音,诸如遗址、纪念碑、博物馆,诸如报纸、广播电视、互联网。这些各有记忆可供性的媒介相互交织,并由此形塑出了缤纷多彩的记忆图景。而随着一个社会中的整体媒介生态及其主导媒介形式发生变化,其记忆图景也自然会相应改变。因是之故,在口语时代、印刷时代、电子时代、数字时代中,记忆图景各各不同,其中的主导性记忆范式亦各各不同。当下,我们正处在人类记忆史上的新时代,建基于二进制的数字技术和企图连结一切的互联网在深刻形塑社会生活的同时,也在深刻形塑着记忆的生产、存储、表征、分享。在未来相当长一段时间内，记忆的“连结性转向”都将成为数字记忆的一个核心命题。

媒介与记忆研究在西方已然硕果累累，中国学者近年来也对此兴趣日浓，并取得不少优秀成果。在此学术背景下，我们深感有必要策划并推出一套“媒介与记忆译丛”。本着鲁迅先生的“拿来主义”原则，我们希望本译丛提供一套既具学术价值也可开阔视野的参考资料，以进一步激发中国媒介与记忆研究的想象力，为推进中国本土的媒介与记忆研究贡献绵薄之力。得益于四川大学文学与新闻学院的慷慨资助，得益于四川大学出版社的大力支持，得益于身为“文化中间人”的译者们的辛勤付出，本译丛才能最终顺利踏上这场跨国的、跨语言的“理论旅行”。

黄顺铭

序　言

xi

我的研究工作主要围绕社会的结构与模式展开，迄今可分为“时间”和“认知”两个不同焦点。本书试图将我学术工作中的这两条线索合而为一。一方面，它延续了我对于我们如何结构时间的考察，可参见我最初的《医院生活中的时间模式》《隐性节奏》与《七日周期》三本书以及晚近的《发条缪斯》。另一方面，它也扩展了我在《完美界线》《未知之地》与《社会的思维图景》三本书中的工作，它们分析的都是思维模式。因此，我试图通过审视过去的社会心理表征，将自己学术研究中这两个看似不同的面向更密切地结合起来。

我对研究过去始终痴心不改。当还只是个十岁的孩子时，我便迷上了编撰圣经谱系与古代君王名单。长期以来，历史书籍（无论虚构的抑或非虚构的）是我智力营养的重要组成部分。事实上，我的很多小学同学当年都指望我长大以后能成为历史学家。

其实，我的早期时间著作已经一再对过去做了研究，譬如考察了七日周的引入、复活节与逾越节在日历上的彼此分离、每日时间表的发明、标准时间的引入等关键历史事件。但我从未贸然将历史本身作为主要研究对象。而我如今迈出的这个新步伐，乃是我于 1984 年与墨西哥发生了一次极具启发性的个人邂逅之产物。在壮观的特奥蒂瓦坎、帕伦克、奇恩·伊察等遗址那令人无法抗拒的魅力下，我当即决定要研究一下
xii 历史的连续性与断裂性的社会建构问题。我于 1994 年开始给研究生开设研讨课“时间、历史与记忆”，然后到 1998 年年底开始撰写本书。

我对于我们的过去观的兴趣深受我在以色列的成长经历的影响，那是一个对历史有着深深眷念的国度。而令我认识到考察我们如何集体想象过去具有巨大研究潜力的，是我太太耶尔·泽鲁巴维尔关于犹太复国主义者的历史编纂学的研究成果。在我看来，其巅峰之作《失而复得之根》乃是最好的集体记忆研究。耶尔的不懈鼓励以及她对先前手稿的创见无疑令本书大为增色。

我的朋友兼同事保罗·迪马乔、丹·瑞安对本书早期手稿给予了出色的反馈。吉姆·贾斯珀、约翰·吉利斯、詹娜·霍华德、卡伦·塞鲁洛、约翰·马丁、露丝·辛普森、安·米舍、伊斯拉埃尔·巴塔尔等人的意见也令我受益匪浅。在本书写作的收官阶段，编辑道格·米切尔的满腔热忱构成了一股巨大的推动力，而我跟他之间的知识纽带可追溯至 22 年前我们为《隐性节奏》而展开的通力合作。

由标题可见，本书援引了丰富的地形与制图意象，这折射出我对于时间的准空间特征的视觉表征抱有浓厚兴趣。由于

我对借助图形表达自己的想法所具有的前景日益着迷,我很快便开始借鉴我儿子诺姆的非凡洞见,他也成了我的专属图形顾问。我非常感谢他付出许多时间,耐心地帮助我实现宏愿,即描摹我们实际上如何在脑海中绘制时间的流动方式。

目　录

图目录

绪论　记忆的社会结构 1

为什么我们会认为罗马帝国于公元476年终结，尽管事实上它还在拜占庭苟延残喘了977年？为什么种族主义者对起源如此念兹在兹？塞阿两族围绕科索沃的冲突叙事应该从哪个历史点开始讲起？伊朗末代国王如何想方设法编织一条长达2500年的象征之线，以便将自己与波斯开国皇帝居鲁士连接起来，尽管一个令人尴尬的事实是，巴列维“王朝”只能往上一代追溯至其父亲那里？10世纪是否果真不如20世纪那么“多事”？

同样，为什么埃尔南·科尔特斯要先将特诺赫蒂坦的阿兹特克城几乎夷为平地，再在原址上修建墨西哥城？为什么1871年普鲁士战胜法国以后，会在近五十年前德意志帝国正式宣布成立的同一镜厅里签署《凡尔赛和约》？为什么安哥拉七个国家纪念节日中的六个都围绕20世纪六七十年代它从葡萄牙争取独立的斗争而展开？为什么西班牙人会将中世纪晚期基督徒对摩尔人的胜利视作一次重新征服？为什么有些社会会以已故祖先的名字给孩子起名？第37代表亲还算不算表亲？

要回答这些问题，我们必须首先考察具有显著社会性的地图式结构，其中历史通常被组织于我们的脑海当中。易言之，我们需要一幅关于过去的社会心理地形图。

* * *

2 一幅“社会心理地形图”意味着一个明确的认知焦点，而本书的确是着眼于过去如何在我们脑海中被记录与组织起来。因此，与其说我关心耶稣、哥伦布或尼布甲尼撒的实际作为，不如说我关心的是他们作为“记忆人物”的角色。[1]换言之，我的兴趣主要不在于历史上真正发生了什么，而在于我们如何记忆它。

众所周知，并非一切发生过的事情都会在我们的记忆中得以保存，许多过往事件实际上早已湮灭无闻。甚至我们传统上认为是“历史”而被写进历史教科书的东西，也并不是对发生过的事情真正全面的记录，而只是记录了我们最终当作公共记忆来加以保存的一小部分。

在此，我既不想考察历史上真正发生了什么，也不想简单地让历史学家对事实的传统关注让位于精神分析学家的传统兴趣——个体对这些事实的独树一帜的重构。尽管“记

① Jan Assmann, *Moses the Egyptian: The Memory of Egypt in Western Monotheism* (Cambridge, Mass.: Harvard University Press, 1997), p. 11.

忆研究”与“研究过去真正发生了什么”之间迥然有别，但我们也大可不必将前者化约为一种对于个体罗生门般的个人描述。记忆虽然不是对客观事实的简单复刻，但也不意味着它因此就是全然主观的。

不妨想想当前欧洲中心主义者与多元文化主义者围绕美国年轻人是否应当在文学传统中被社会化而展开的课程之争，或者围绕女性在美国历史上的地位的类似文化之争。这种吵吵嚷嚷的存在本身即在提醒我们，我们对过去的回忆绝不是客观的，因为大家显然不会以相同的方式回忆它。而事实上，这种记忆之争①通常会牵涉整个群体，并且往往会在诸如博物馆、校董会之类的公共论坛中开战，而这似乎也就表明记忆之争并不全然是个人性的。

通过揭示整个共同体（而不仅仅是个体）如何记忆过去，过去的社会心理地形图有助于表明人类记忆具有明显的社会性维度。因此，它所提供的历史现象学乃根植于一种记忆社会学当中。

记忆社会学超越严格个人性的回忆，有效地预示着作为社会人的我们最终会记忆些什么东西。尽管我们有许多记忆不会与人分享，但也有些特殊记忆为整个群体所共享。譬如，一个人作为波兰人、摩门教徒或法官的记忆显然不只是个人性的。

---

① Eviatar Zerubavel, *Social Mindscapes: An Invitation to Cognitive Sociology* (Cambridge, Mass.: Harvard University Press, 1997), pp. 97 – 99.

3 与心理学不同，社会学格外关注我们通往过去的社会语境，并由此提醒我们，我们事实上记得我们身为其中一员的特定共同体的许多行为。因此，正是主要作为一名犹太人，我才记得在我出生 25 个世纪前被摧毁的第一圣殿；正是作为一名田径爱好者，我才同样会记得帕沃·鲁米在 1924 年奥运会上的英雄事迹。

具备社会性的前提在于，我们要有能力将所属群体在我们加入之前早已发生的事情当作仿佛是我们个人过去的一部分来感同身受。这种能力既体现于波利尼西亚人以第一人称代词来叙述其祖先的历史[①]，也体现于一位巴巴多斯诗人以“**我**在努比亚冶炼钢铁”或“**我**建造了廷巴克图”之类的诗句来表达其非洲记忆[②]。同样，这一能力也体现在每个逾越节都会被重复吟诵的传统犹太信仰当中：“我们乃是埃及法老的奴隶，而上帝以一只大手将我们从那里带出来”，“世世代代的人们都应当视自己仿佛出自埃及一样”。在个人历史与其所隶属的共同体的历史之间表现出了一种显著的存在性交融，而这既有助于解释非洲奴隶的美国后代们身上的痛苦与苦难传统，也有助于解释许多德国年轻人对于他们出生前早已经终结的政权所犯暴行的个人羞耻感。

---

① Marshall Sahlins, *Historical Metaphors and Mythical Realities: Structure in the Early History of the Sandwich Islands Kingdom* (Ann Arbor: University of Michigan Press, 1981), pp. 13 - 14.

② Stephen Howe, *Afrocentrism: Mythical Pasts and Imagined Homes* (London: Verso, 1998), p. 105. 黑体为笔者所加，表强调，后不赘注。

事实上，习得一个群体的记忆并由此对集体的过去感同身受乃是习得任何社会身份过程之一部分，同时使成员了解这种过去也是共同体为同化他们而付出的努力之重要部分。正因为如此，声名卓著的律师事务所、精英军事单位才通常要向新成员介绍其集体历史，以此作为其迎新活动的内容之一；正因为如此，学校才会教导那些从洪都拉斯或老挝移民美国的人们的子女，要将五月花号轮船当作其新的过去之一部分。[①] 同样，从一个社会共同体退出也往往会牵涉摈弃其过去。因此，归化移民的子女极少从父母那里得知父母已选择从身心上所抛弃的那个社会之历史。

有鉴于此，当美国年轻人被要求列举其首先会想到的与美国历史相关的人物时，他们往往会搬出相同的历史人物（乔治·华盛顿、亚伯拉罕·林肯、托马斯·杰斐逊、本杰明·富兰克林）倒也不足为奇了。[②] 如此多的不同个体却拥有相同的“自由”记忆联想，由此可见，至少某些看似个 4
人性的回忆其实只不过是一种单一而共同的集体记忆之个人化显现。

我这里要考察的记忆乃是由家庭、族群、国家及其他记

① 也可参见 Robert E. Park and Ernest W. Burgess, *Introduction to the Science of Sociology*, abridged ed. (Chicago: University of Chicago Press, 1969), pp. 360 - 361, 365.

② Michael Frisch, "American History and the Structures of Collective Memory: A Modest Exercise in Empirical Iconography," *Journal of American History* 75 (1989): 1130 - 1155.

忆共同体共享的集体记忆。[①] 一个共同体的集体记忆并非各成员个人记忆的简单相加[②]，而是只包括他们作为一个群体而共享的那些记忆。因此，集体记忆会唤起一种他们似乎都能够回想起来的共同过去。

此外，在任何纪念性节日，他们往往都会一起回忆过去，这也就提醒我们：我们的社会环境不仅影响着我们记忆什么，而且也最终会影响我们何时记忆它！毕竟，在同一天，整个记忆共同体会想方设法将注意力聚焦于历史上的同一时刻。这是一项迄今为止尚无任何其他动物有本事取得的非凡的认知成就，而该成就也使这种节日真正成为纪念性的。这种记忆同步化[③]的确是现代“地球村”最早的原始技术先兆。于是乎，马来西亚、圭亚那、塞拉利昂的穆斯林都会在同一天共同纪念先知的诞辰。同样，在耶稣受难节，全世界的基督徒也会作为一个单一的共同体，而一道回忆耶稣受难日。

不过，人类记忆的社会性本质不仅体现在我们的实际回忆内容上，而且也体现在我们从心理上对回忆的包装方式上。毕竟，记忆不只牵涉对事实的回忆，因为独立于这些事实之外的各种心理过滤器也影响着我们头脑对事实的加工方

---

① E. Zerubavel, *Social Mindscapes*, pp. 17 - 18, 90. 也可参见 Iwona Irwin-Zarecka, *Frames of Remembrance: The Dynamics of Collective Memory* (New Brunswick, N. J.: Transaction, 1994), p. 47 on "communities of memory."

② Jan Vansina, *Oral Tradition as History* (Madison: University of Wisconsin Press, 1985), p. 149.

③ E. Zerubavel, *Social Mindscapes*, p. 97.

式（包括我们回忆过往事件之一般要点的方式在内，这些一般要点往往正是我们对于事件实际记得的全部内容）[①]，我们因此会更多地记得某些事实，而不记得其他事实。这种过滤器是高度非个人性的，极少根植于个体经验。举个例子，美国人和印度人对于婚礼的回忆存在差异[②]，这是他们在不同记忆传统中被社会化之产物[③]，而这些记忆传统拥有截然不同的、为各自记忆共同体所共享的心理过滤器。

我们都具有一种希望更好地记住契合于某种心理的（显然也是文化的）基模之倾向[④]，该倾向鲜明地体现于我们叙述过去时所常用的、高度程式化的情节结构当中[⑤]。举例而言，我直到三十八九岁才第一次意识到，阿尔弗雷德·德雷福斯后来实际上不仅被法国当局宣判无罪，甚至还被授

---

① Roger C. Schank and Robert P. Abelson, "Scripts, Plans, and Knowledge," in *Thinking: Readings in Cognitive Science*, edited by P. N. Johnson-Laird and P. C. Wason (Cambridge: Cambridge University Press, 1977), p. 430.

② Margaret S. Steffensen, Chitra Joag-Dev, and Richard C. Anderson, "A Cross-Cultural Perspective on Reading Comprehension," *Reading Research Quarterly* 15 (1979): 10 - 29.

③ E. Zerubavel, *Social Mindscapes*, pp. 87 - 91.

④ Frederic C. Bartlett, *Remembering: A Study in Experimental and Social Psychology* (Cambridge: Cambridge University Press, 1932); Walter Kintsch and Edith Greene, "The Role of Culture-Specific Schemata in the Comprehension and Recall of Stories," *Discourse Processes* 1 (1978): 1 - 13; Marjorie Y. Lipson, "The Influence of Religious Affiliation on Children's Memory for Text Information," *Reading Research Quarterly* 18 (1983): 448 - 457; Robert Pritchard, "The Effects of Cultural Schemata on Reading Processing Strategies," *Reading Research Quarterly* 25 (1990): 273 - 295.

⑤ Hayden White, "The Historical Text as Literary Artifact," in *Tropics of Discourse: Essays in Cultural Criticism* (Baltimore: Johns Hopkins University Press, 1978), pp. 81 - 99.

5 予了荣誉勋章。而我一直记得的却是，他在一场臭名昭著的审判中被误判了叛国罪，此后就在魔鬼岛上受苦受难终老。我在以色列长大成人，并在严格从迫害与受害的角度来叙述欧洲犹太史的犹太复国主义传统中被社会化[①]，因此这种扭曲的回忆似乎倒是跟我的社会基模期望更加契合。

我们所习得的这种习惯性的心理立场通常都会成为我们学着以一种在社会意义上得体的方式去记忆的过程之一部分。记忆远不是一种纯粹自发的行为，它也会受记忆的社会规范支配[②]，而这些规范在告诉我们应该记住什么以及我们应该从根本上忘记什么。譬如，正是凭借这种记忆社会化[③]，重生的基督徒和康复中的酗酒者才都学会了往其自传体叙事中加入一些高度程式化的早期堕落记忆[④]。

我们的许多记忆社会化发生于历史博物馆与社会研究课堂当中，不管它们是像“记住阿拉莫”[⑤] 之类明文的规范性规定，还是被暗中编码于几乎一切历史教科书中的东西。有

---

① Yael Zerubavel, *Recovered Roots: Collective Memory and the Making of Israeli National Tradition* (Chicago: University of Chicago Press, 1995), pp. 17 - 22.

② E. Zerubavel, *Social Mindscapes*, pp. 13, 84.

③ Ibid., p. 87.

④ Wendy Traas, "Turning Points and Defining Moments: An Exploration of the Narrative Styles That Structure the Personal and Group Identities of Born-Again Christians and Gays and Lesbians" (unpublished manuscript, Rutgers University, Department of Sociology, 2000); Jenna Howard, "Memory Reconstruction in Autobiographical Narrative Construction: Analysis of the Alcoholics Anonymous Recovery Narrative" (unpublished manuscript, Rutgers University, Department of Sociology, 2000).

⑤ 也可参见 Yosef H. Yerushalmi, *Zakhor: Jewish History and Jewish Memory* (Seattle: University of Washington Press, 1982).

许多记忆社会化也以一种更微妙的方式发生，譬如我们在一美元钞票上会看到乔治·华盛顿的头像，我们在圣诞节会发现几乎到处都关门闭户。此外，记忆社会化还发生于诸如家庭聚会之类不太正式的场合，其中通常既涉及实际指导（如父母通过现身说法而提醒子女）[①]，也涉及共同回忆（如亲子共同讲述一起经历的事件）[②]。正是在这样的场合下，我们通常才能学会以社会意义上得体的叙事形式去讲述过去，才能学会有助于将传统上值得记忆的东西与可以（甚至应该）忘却的东西区分开来的记忆潜规则。[③] 当一个小男孩跟着妈妈在市区度过漫长的一天而回到家以后，他听见妈妈向家人“官方地”讲述他们在那里的所作所为，此时他在人们通常认为值得记忆或忘却的方面便收获了一种心照不宣的经验。

* * *

鉴于社会记忆具有鲜明的非个人性质，它们绝不会像个

---

① William Hirst and David Manier, "Remembering as Communication: A Family Recounts Its Past," in *Remembering Our Past: Studies in Autobiographical Memory*, edited by David C. Rubin (Cambridge: Cambridge University Press, 1996), pp. 271 - 288.

② Robyn Fivush, Catherine Haden, and Elaine Reese, "Remembering, Recounting, and Reminiscing: The Development of Autobiographical Memory in Social Context," in *Remembering Our Past: Studies in Autobiographical Memory*, edited by David C. Rubin (Cambridge: Cambridge University Press, 1996), pp. 341 - 358.

③ 也可参见 E. Zerubavel, *Social Mindscapes*, p. 16.

人回忆那般囿于我们一己的身体当中。语言将人类记忆从只
能排他性地储存于个体大脑之中解放了出来。一旦人们可通
6 过交流与他人分享其个人经历，这些经历便可从根本上作为
非实体化的、非个人的回忆而得以保存下来，哪怕经历本身
已消失得无影无踪。

事实上，语言可真正使记忆在人与人之间传递，即使他们之间并无直接接触。举例来说，老年人作为传统的记忆中间人，往往可以将历史上分离的世代勾连在一起，否则，这些世代便无法从记忆上彼此通达。这种记忆传递性使我们能够以口头传统的形式去保存记忆，而这些传统会在家庭、大学联谊会，以及几乎任何其他共同体中代代相传。

此外，在文字发明以后，不与任何未来的受众发生任何口头接触（不管多么间接）才真正得以成为可能。[①] 譬如，在有了患者记录以后，医生的临床回忆可供任何其他医生或护士随时调阅，哪怕是在后者无法亲自向前者咨询的情况下。[②] 这可以解释文书在商业（如收据）、法律（如法院判决）、外交（如条约）、官僚（如纪要）以及科学（如实验

---

① 参见，例如 M. T. Clanchy, *From Memory to Written Record: England*, 1066 – 1307 (Cambridge, Mass.: Harvard University Press, 1979), p. 202.

② Eviatar Zerubavel, *Patterns of Time in Hospital Life: A Sociological Perspective* (Chicago: University of Chicago Press, 1979), pp. 45 – 46.

室报告）中具有的巨大意义。[①]

不过，记忆的社会保存甚至可以无须诉诸任何文字来传递。举例而言，肖像、雕像、照片、录像带即代表了捕捉过往音像的种种努力，并由此为子孙后代提供了通往历史上的人物与事件的视听途径。事实上，我们正是借助绘画、光盘、电视镜头，才能真正回忆起拿破仑的加冕礼、恩里科·卡鲁索的声音，或者约翰·F. 肯尼迪的遇刺。

可见，图书馆、参考书目、民间传说、相册、电视档案构成了社会记忆的“场所”[②]，也构成了研究社会记忆的某些有用手段。历史教科书、日历、悼词、留言簿、墓碑、战争纪念馆，以及形形色色的名人堂，同样如此。在这一点上，盛装游行庆典、纪念游行、周年纪念，以及针对考古和其他历史物件的各种公开展览，也同样可以唤起人们的记忆。

当人们做社会记忆研究时，有林林总总的数据源可供利用。我们能够整合进研究的数据源愈多样，研究则可能愈丰富。[③] 本书在方法论上不拘一格，利用各种各样的社会记忆

① 也可参见 Georg Simmel, “Written Communication,” in *The Sociology of Georg Simmel*, edited by Kurt H. Wolff (New York: Free Press, 1950 [1908]), pp. 352 - 355（页码引自重印版）；Max Weber, *Economy and Society: An Outline of Interpretive Sociology* (Berkeley and Los Angeles: University of California Press, 1978 [1925]), pp. 219, 957（页码引自重印版）；Clanchy, *From Memory to Written Record*; Edward Shils, *Tradition* (Chicago: University of Chicago Press, 1981), pp. 109 - 112, 120 - 124, 140 - 147.

② Pierre Nora, “Between Memory and History: Les Lieux de Memoire,” *Representations* 26 (1989): 7 - 25.

③ 参见，例如 Y. Zerubavel, *Recovered Roots*.

之所，旨在有意识地为这个令人着迷的现象提供一幅尽可能广阔的图画。

* * *

7 我在试图揭示过去的社会心理地形图时[①]，总体分析旨趣也明显是结构性的。尽管大多数社会记忆研究基本上聚焦于我们的集体记忆内容，但我的主要目的却是要找出这些记忆潜在的形式特征。本着基本的“结构主义”论断——意义在于符号对象之间系统的相互定位方式[②]，我认为过往事件的社会意义从根本上说在于我们以一种结构性的方式，在脑海中相对于其他事件来定位它们。可见，我的兴趣归根结底在于检视社会记忆的结构。

鉴于这种具有显著结构性的焦点，本书将围绕我们集体性地记忆过去的方式之主要形式特征而展开，其中每一章都将阐明这种记忆的社会心理地形图的不同面向。因此，本书的主题显然是形式化的，诸如历史的感知“密度”、历史叙事的“面貌”、谱系式的“世系”的社会结构、将本质上连续的历史时段从心理上细分为离散的“时期”、对实际历史

① 也可参见 Henry Glassie, *Passing the Time in Ballymenone: Culture and History of an Ulster Community* (Philadelphia: University of Pennsylvania Press, 1982), pp. 619 - 665.

② Ferdinand de Saussure, *Course in General Linguistics* (New York: Philosophical Library, 1959), pp. 115 - 122. 也可参见 E. Zerubavel, *Social Mindscapes*, pp. 72 - 76.

距离予以高度结构化的集体记忆扭曲。

本书会首先考察帮助我们从心理上将过往事件连缀为富有文化意义的连贯历史叙事的惯用图式化编排。在第 1 章中，我将回顾我们通常据以想象时间流动的主要形式模式（如线性与圆形、直线与之字形、连奏与断奏、单线与复线）。举例而言，这些形式鲜明地体现于故事的总体情节（“进步”“衰落”“升降”）和子情节（“一次又一次地”）当中，我们通常必须透过这些情节才能叙述时间的流逝。接下来，我将考察集体对过去的感知“密度”，这典型地体现于心理浮雕地图的准地形布局之中，这种布局由我们惯例性地回忆为“多事的”时期与基本上空白的历史“间歇期”之间的鲜明对照而制造出来。

在接下来两章中，我将考察我们通常用以帮助我们创造、维系历史连续性幻象的各种记忆策略。在第 2 章中，我会考察我们为“连接”过去与现在而修建的各种不同类型的桥梁——物理的、日历的、图像的、话语的，以此阐明周年纪念、复兴、废墟、类比、纪念品在帮助将本质上非毗邻 8
的历史片段凝聚为一条单一的、看似连续的经验之流的过程中发挥的作用。接着，在第 3 章中，我考察祖先与世系的谱系结构（如朝代、家族树、族谱），特写其中一种形式的历史搭桥，而我们在头脑中建构这些谱系结构的目的在于帮助我们编织想象中的心理线索，以便将过去与现在的家族成员连接在一起，并为我们关于民族、“种族”乃至物种的集体观念奠定基础。

但建立历史连续性的努力往往会被构建历史断裂性这一截然相反的社会心理过程抵消。前者可以在本质上非毗邻的历史片段之间炮制出准毗邻性，而后者则可将连续历史时段转变为一组看似各各不同的片段。我会在第4章中检讨这一过程，其核心所在乃是我们集体想象出来、用以分隔两个所谓的离散历史“时期”的“分水岭”。我们将会看到，对于过去的分期也会扭曲历史距离，它在从根本上压缩任何给定“时期”内部的历史距离的同时，也夸大了使这些常规性片段彼此分隔的心理鸿沟之间的历史距离。

这种过去的社会“标点”有个格外显著的表现：通过建立我们惯例上所认为的开端，从心理上区隔开历史与“史前史”。为了检讨历史开端的社会建构，我会在第5章考察记忆共同体（例如国家、组织、族群）如何想象自身的集体起源，还会考察它们如何通过宣称相对于其他群体的历史优先性，而力图建立领土权及其他政治权利。我们会看到，记忆共同体的这两种做法都清晰地凸显了一种共同的记忆努力，即通过夸大古老性以增强其正当性。

* * *

本书明确的形式-结构旨趣具有严格的理论性意涵，这些意涵十分清晰地反映在我组织讨论的方式上。与此同时，它亦具有某些非常重要的方法意涵，这鲜明地体现于我在为本研究收集数据时采用的“形式”方式当中。[①]

正如在欧几里得几何学中那样，一种严格的形式－结构取向应当以有意识地忽略尺度作为前提。毕竟，我的目的在于提出一个总体框架，以便从“国家”的宏观社会层次、“组织”的中观层次、“家庭”的微观社会层次上来揭示社会记忆的基本结构。只有检视来自尽可能多“层次”上的 9
记忆的社会单元之数据，我们才能发现在诸如夫妻、职业、宗教之类通常用以建构各自起源的方式之间存在着惊人的形式相似性。

事实上，在任何一个层次上所找出的社会记忆之普遍特征均有助于我们找出这些特征在其他层次上的表现。举例而言，从公司或机构在宣传手册中讲述其集体过去的方式中，我们也可以对国家如何在历史教科书、国家博物馆中呈现其集体过去了解甚多。一种严格形式－结构的记忆取向也同样可以帮助我们认识到，各州实施诉讼时效的方式与银行制定破产政策的方式、朋友间对过去之事既往不咎的方式也颇为相似！

此外，我的理论旨趣明显是普遍化的，它要求我将研究发现从最初得到它们的特定文化与历史环境中抽离出来以使

---

① 关于这种“形式”社会学方法论的可能产物的一个经典样本，参见 Simmel, *The Sociology of Georg Simmel*, pp. 21 – 23, 40 – 57, 87 – 408. 也可参见 Allan V. Horwitz, *The Logic of Social Control* (New York: Plenum, 1990); Eviatar Zerubavel, *The Fine Line: Making Distinctions in Everyday Life* (New York: Free Press, 1991); Kristen Purcell, “Leveling the Playing Field: Constructing Parity in the Modern World” (Ph. D. diss., Rutgers University, 2001).

之去语境化①，因为我的最终目标在于针对作为一种普遍现象的社会记忆，提出一个跨文化、跨历史的视角。因是之故，不管我在讨论中用到的某一特定的国家日历出自乌拉圭还是纳米比亚，它基本上都从属于我对社会纪念的普遍特征这一总体兴趣，国家日历只是有助于提供例证。同样，我也不太关心自己考察的某一特定的君主“链条”出自埃及还是法国，或者他们执政于17世纪抑或公元前3000年，我更关心的是这样一个事实，即它有助于我佐证朝代的某些形式特征。

可见，本书围绕主要的形式主题展开，而这些主题体现于各种各样的内容语境当中。从这些不同语境中找出的结构相似性可使我们认识到，塞阿两族围绕科索沃的“初始”定居点的记忆之争，与人类学家和分子生物学家围绕人类与黑猩猩在进化分裂上的断代的记忆之争，在本质上何其相似！

这种明显普遍化的旨趣也要求我自觉地努力运用内容上广泛的具体证据基础。我的兴趣归根结底在于找出形式上的记忆模式，而这些模式超越于任何特定的记忆语境，因此我
10 要利用从各种各样此类语境中搜罗而来的具体例子以佐证我的论点。我不会让自己局限于某个具体的个案研究。在集体

---

① 也可参见 Eviatar Zerubavel, "If Simmel Were a Fieldworker: On Formal Sociological Theory and Analytical Field Research," *Symbolic Interaction* 3, no. 2 (1980): 25－33.

记忆研究中，个案研究是一种司空见惯的传统[①]，该传统迄今为止尚未提出一种超越于特定历史情势下的特定社会、具有普遍性的分析框架。为此，我要从广阔的文化与历史语境中去搜罗论据。同样，我也会广泛地检视社会记忆的特定领域（如科学、宗教、政治）和场所（如日历、编年史、族谱）。不用说，我的分析依凭的语境范围愈广，分析的普遍性则愈强。

我所允诺的跨语境论据当然要求更大的内容多样性，但我在此对差异不感兴趣，同时我也刻意决定不断摇摆于千差万别的语境之间，这从根本上说是为了凸显它们共同的（而非各各不同的）记忆特征。譬如，当我审视民族服饰、历史街区、结婚纪念日时，主要着眼于它们作为过去与现在之间的“搭桥”形式的结构等价性。尽管这并不必然意味着一种普遍主义的记忆观会基本上忽视记忆差异[②]，但它确实意味着致力于关注同而非异。可见，我在本书中的终极目标不是解释记忆差异，而是要找出记忆的社会结构共有的普遍基础。

---

① 然而，关于一些值得注意的例外，参见 Maurice Halbwachs, *The Social Frameworks of Memory*, in *Maurice Halbwachs on Collective Memory*, edited by Lewis A. Coser (Chicago: University of Chicago Press, 1992 [1925]), pp. 37 - 189（页码引自重印版）; Shils, *Tradition*; Paul Connerton, *How Societies Remember* (Cambridge: Cambridge University Press, 1989).

② 关于“认知普遍主义”，参见 E. Zerubavel, *Social Mindscapes*, pp. 2 - 6, 20 - 22.

11 # 第 1 章　过去的社会面貌

我们对于发生在自己身上的事情不会每一件都记得，由此事实可见，记忆显然并不仅仅是一种从心理上对过去的简单复刻。不过，记忆也并非一种完全随机的过程。事实上，记忆大多由一种高度结构化的方式促成，从而它既形塑也歪曲着我们心里实际存留的过往事物。我们会看到，在这些高度图式化的记忆模式中，很多会带有明显的社会性。

一、情节线与叙事

1919 年 6 月，获胜的法国在准备签署《凡尔赛和约》时做出了一个不祥的决定：把一部俗称“复仇”历史剧的最后一幕放在同一个镜厅中上演。差不多五十年前，普鲁士在 1870—1871 年的普法战争中大获全胜，然后强大的德意志帝国在这个镜厅中正式宣布法国投降。并非巧合的是，在 21 年后的 1940 年 6 月，一种同样露骨的历史剧感让获胜的德军凿开法国博物馆的墙体，把其中收藏的一节火车车厢拖回到当年发生民族创伤事件——确认德国在第一次世界大战中战败的停战协定于1918年11月在此车厢中正式签署——的康皮涅镇附近的森林空地上。而如今，德国也准备在此上演法国在第二次世界大战中的屈辱投降：

> 这个**复仇循环**再完整不过了。普鲁士国王威廉仗着 12
> 在1871年的狂妄自大，在法国的凡尔赛镜厅称帝。1919年，法国选择此厅作为最后羞辱德国的场所。而如今，希特勒为其最伟大胜利时刻选择的场景，正是1918年法国所选择的那个场景。①

当希特勒宣读完记载1918年法国对德国历史性羞辱的铭文后不久，在场的每个人都走进这节著名的火车车厢，威廉·凯特尔将军先明确指出选择这个特定场所乃是“一次修复性的正义行动”，接着便开始朗读投降条款。②

当然，只有将这些事件中的每一个都置于某种更大历史情景的语境之下③，才能将其视作“修复”。也只有在这种看似没完没了的法德复仇情景的语境之下，人们才能领悟1990年的一则笑话究竟妙在何处：对于“即将统一的德国的新首都是哪个，波恩还是柏林?”的提问，诙谐的答案是

① Alistair Horne, *To Lose a Battle: France 1940* (Boston: Little, Brown & Co., 1969), p. 582.

② Ibid.

③ 也可参见 Peter J. Bowler, *Theories of Human Evolution: A Century of Debate, 1844 - 1944* (Baltimore: Johns Hopkins University Press, 1986), p. 13.

“巴黎”！

我从根本上接受意义乃符号对象之间相互定位方式之产物这一结构主义观点[①]，并认为事件的历史意义基本上在于它们在我们脑海里相对于其他事件的定位方式。事实上，正是它们在这种历史情景中的结构性位置，譬如作为“分水岭”“催化剂”或“最后一根稻草”，才使得我们如此这般地记忆过往事件。这就是我们最终为什么会将以色列的建国视作一种对纳粹大屠杀的“回应”，也是我们为什么会将海湾战争视作美国对于在越南溃败而做出的姗姗来迟的“反应”。同样，正是官方将2001年对阿富汗的军事打击说成一种针对世贸中心与五角大楼的“9·11”袭击的“报复”，才促使美国各大电视网将军事打击置于“美国反击”的荧屏标题下来报道；正是对中世纪早期前伊斯兰的、本质上基督教的西班牙所拥有的集体记忆，才促使西班牙人将中世纪晚期基督教对摩尔人的胜利视作“再征服”。

不妨再想想历史反讽的情形。毕竟，只有从这样一个历史角度出发，最近根据1.75亿巴西人（而非根据区区1000万葡萄牙人）讲葡萄牙语的方式来规范该语言，才会被认为充满了讽刺性。2001年，在美国总统就职典礼第二天，
13《纽约时报》决定并排刊登两张既惊人相似又对照鲜明的照

① Ferdinand Saussure, *Course in General Linguistics*, (New York: Philosophical Library, 1959), pp. 115 - 122. 也可参见 Eviatar Zerubavel, *Social Mindscapes: An Invitation to Cog-nitive Sociology* (Cambridge, Mass.: Harvard University Press, 1997), pp. 72 - 76.

片，这背后也体现出了一种约略类似的历史反讽感。照片呈现了白宫外即将卸任的总统比尔·克林顿：一张是 1993 年 1 月他与前任老布什的合影，另一张则是八年后他与即将接任的小布什的合影。[①]

人类记忆最引人注目的特征之一在于我们能够从心理上将一系列本质上非结构化的事件转换为看似连贯的历史叙事。我们通常将过往事件视为一个故事当中的桥段（这一点表现在这样一个事实中：在法语和西班牙语中，“故事”与“历史”为同一个单词，二者间表面上的差异被高度地夸大了）；基本上正是这种“故事”，才令这些事件富有历史意义。因是之故，每当我们做简历时，往往会试图将我们先前的经历与成就说成以某种方式预示了当下的所作所为。[②] 类似的战术也有助于律师对其起诉或辩护之人的传记加以策略性的操纵。

从图 1 中清晰可见，为了使历史事件形成故事式的叙事，我们要能想象出它们之间的某种连结性。建立这种人为的连结性，乃是情节化的回溯性心理过程之本质所在。[③] 事实上，正是通过这种情节化（以及再情节化[④]，这一点在心

---

① *New York Times*,21 January 2001,sec. A,p. 13.

② 也可参见 Michael A. Bernstein, *Foregone Conclusions: Against Apocalyptic History* (Berkeley and Los Angeles:University of California Press,1994).

③ Hayden White,“The Historical Text as Literary Artifact,” in *Tropics of Discourse: Essays in Cultural Criticism* (Baltimore:Johns Hopkins University Press,1978),p. 83.

④ Ibid. ,p. 87.

理治疗中格外明显[1])，我们才通常会想方设法地同时赋予过往与当前的事件以历史意义。

14

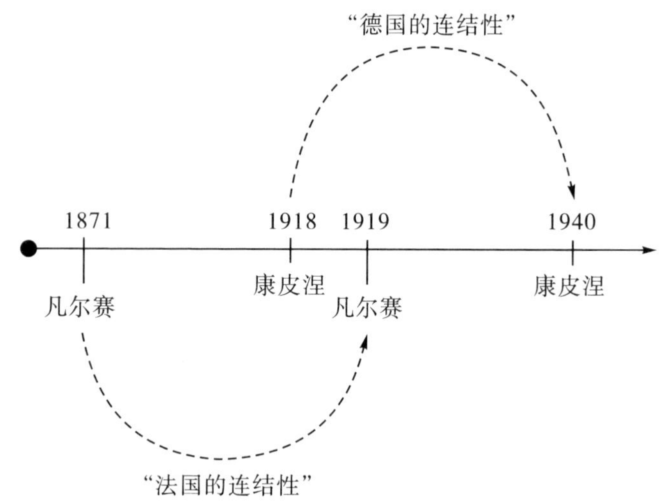

图 1　凡尔赛情节线与康皮涅情节线

当我们从严格形式叙事学的角度着手处理记忆现象时，我们就可以像检视任何虚构故事的结构[2]那般检视对于过去的集体叙述之结构。事实上，采取这样一种明确的形态学立场有助于揭示历史叙事通常得以推进的高度图式化的编排。虽然真正的现实可能绝不会按照这样一种干净利落的程式化方式而“展开”，但这些脚本式的情节线仍然经常是我们据

---

① 也可参见 Peter L. Berger, *Invitation to Sociology: A Humanistic Perspective* (Garden City, N. Y. : Doubleday Anchor, 1963), pp. 56 – 65.

② White, “The Historical Text as Literary Artifact.” 也可参见 Misia Landau, “Human Evolution as Narrative,” *American Scientist* 72 (1984): 262 – 268; Bowler, *Theories of Human Evolution*, pp. 13 – 14.

以记忆现实的形式，因为我们已经习惯于将高度复杂的事件序列化约为简单化的、单一维度的过去图景。

循着海登·怀特那极其鼓舞人心的足迹[①]，这里我会考察一些主要的情节线，这些情节线帮助我们在脑海里将过往事件“串起来”[②]，并由此赋予其历史意义。不过，我既不赞同这些情节线乃是客观地表征真实事件序列的观点，也不赞同这种过去观在某种程度上具有普适性的预设，我这里事实上处理的是根本上惯例性的社会记忆结构。叙述过去时采用的某些图式化编排在某些文化与历史语境下要远比在其他文化与历史语境下更加普遍，由此事实可见，它们基本上是记忆的社会传统的一种表现。

二、进步

这种情节线的一个绝佳例子，乃是与进步理念相关的历史叙事之一般类型。这种“明天会更好”的情景通常体现

---

① White,“The Historical Text as Literary Artifact.”也可参见 Jean M. Mandler, *Stories, Scripts, and Scenes: Aspects of Schema Theory* (Hillsdale, N. J.: Lawrence Erlbaum, 1984), p. 18; S. Wojciech Sokolowski,“Historical Tradition in the Service of Ideology,” Conjecture (September 1992): 4 - 11; Yael Zerubavel, *Recovered Roots: Collective Memory and the Making of Israeli National Tradition*, pp. 216 - 221.

② 也可参见 Henry Glassie, *Passing the Time in Ballymenone: Culture and History of an Ulster Community* (Philadelphia: University of Pennsylvania Press, 1982), p. 651.

于高度图式化的“白手起家”式的传记叙事[①]、对家庭“卑微出身”的程式化回忆当中。这同样也体现于公司提交给股东的“进度报告”、科学史叙事当中。此二者几乎总在渲染发展主题。

15 这种进步主义的[②]历史情景最常见的表现形式是高度图式化的从落后走向先进的进化论叙事。举例而言，这鲜明地体现于惯例性的人类起源叙事当中，它们通常强调的逐步改善主题关乎我们大脑的“发育”、社会组织水平、对我们的环境的技术控制程度等方面。同样，但凡是拿现代、“文明”社会跟所谓的欠发达、“原始”社会相比较，这一点都会体现得很明显。[③]

我们从图 2 中可以看到，这种随着时间推移而逐步改善的图式化愿景往往会让人联想到一个倾斜的阶梯意象。时间

---

① Agnes Hankiss, “Ontologies of the Self: On the Mythological Rearranging of One's Life-History,” in *Biography and Society: The Life History Approach in the Social Sciences*, edited by Daniel Bertaux (Beverly Hills, Calif.: Sage, 1981), pp. 205 – 207; Dan P. McAdams, *The Stories We Live By: Personal Myths and the Making of the Self* (New York: William Morrow, 1993), pp. 104 – 105.

② Rulon S. Wells, “The Life and Growth of Language: Metaphors in Biology and Linguistics,” in *Biological Metaphor and Cladistic Classification: An Interdisciplinary Perspective*, edited by Henry M. Hoenigswald and Linda F. Wiener (Philadelphia: University of Pennsylvania Press, 1987), pp. 51 – 52; Peter J. Bowler, *The Invention of Progress: The Victorians and the Past* (Oxford: Basil Blackwell, 1989), p. 10; Gordon Graham, *The Shape of the Past: A Philosophical Approach to History* (Oxford: Oxford University Press, 1997), pp. 47, 65.

③ Bowler, *Theories of Human Evolution*, pp. 50 – 52.

之箭与上行方向（及其明显的积极文化内涵）[①] 之间的这种常见联想清晰地体现于雅各布·布罗诺夫斯基的畅销书暨电视系列片《人的提升》[②] 的标题当中，也体现于人们对处在“进化阶梯”底层的“低级”生命形式的传统观念当中。[③]

16

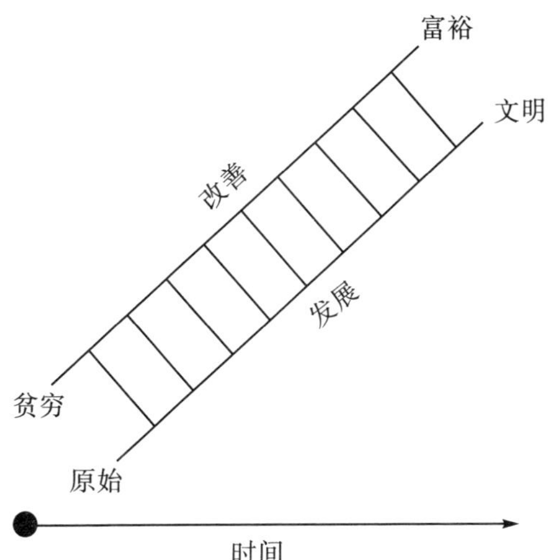

图 2　进步叙事

这种高度程式化的过去观并不仅仅折射出了乐天派们对某些特定事件的记忆方式。事实上，此乃整个记忆共同体的总体历史观之一部分。我们通常将乐观视作一种个人特质，

---

① 参见 Barry Schwartz, *Vertical Classification: A Study in Structuralism and the Sociology of Knowledge* (Chicago: University of Chicago Press, 1981), pp. 79 – 93.

② Jacob Bronowski, *The Ascent of Man* (Boston: Little, Brown & Co., 1973).

③ George W. Stocking, “The Dark-Skinned Savage: The Image of Primitive Man in Evolutionary Anthropology,” in *Race, Culture, and Evolution: Essays in the History of Anthropology* (New York: Free Press, 1968), p. 118; Bowler, The Invention of Progress, p. 10.

可实际上它也是整个共同体所共享的一种图式化的记忆“风格”之一部分。

因此，由霍雷肖·阿尔杰以及无数其他“白手起家”版本的所谓“美国梦”可见，许多美国人比阿富汗人或澳大利亚原住民更加信奉进步理念。从工人阶级对这一理念的普遍厌恶中[①]，我们可以清晰地看到，不同历史观也与不同社会阶级联系在一起。[②]

此外，作为启蒙运动之产物，进步主义乃现代性的标志之一，这种历史观在过去两百年中比以往任何时期都更加普遍。从进步角度来看待历史，乃是 18 世纪末、19 世纪初马里耶·让·孔多塞、格奥尔格·威廉·弗里德里希·黑格尔、奥古斯特·孔德等人的哲学的一个有机组成部分。这一点也同样包含于 19 世纪末的主要哲学分支当中。譬如，赫伯特·斯宾塞、路易斯·亨利·摩根、爱德华·伯内特·泰勒等人的社会与文化进化论基本上都将人类历史想象为从野蛮到文明的逐步提升。[③]

---

① Christopher Lasch, *The True and Only Heaven: Progress and Its Critics* (New York: W. W. Norton, 1991).

② 也可参见 Lewis A. Coser and Rose L. Coser, "Time Perspective and Social Structure," in *Modern Sociology: An Introduction to the Science of Human Interaction*, edited by Alvin W. Gouldner and Helen P. Gouldner (New York: Harcourt, Brace & World, 1963), pp. 638 - 647.

③ Bowler, *The Invention of Progress*; Arthur Herman, *The Idea of Decline in Western History* (New York: Free Press, 1997), pp. 25, 30 - 36.

三、衰落

这种本质上前瞻性的历史观与另一种传统的历史观恰成鲜明对照，后者基本上为“衰落”主题，我们根据此主题来组织记忆。[①] 这种后挂式的历史立场具有固有的悲观主义，通常包含着一种某种荣耀的过去已不幸地永久失落的悲剧看法。与进步叙事形成鲜明对照的是，在衰落叙事中，事物随着时间推移而每况愈下。这种本质上倒退的[②]记忆传统不是强调改善，而是强调恶化，因此它对于过去的总体看法最好以一个向下的箭头来表示，参见图 3。也难怪它往往会伴随着对于“昔日美好时光”的深深眷恋。[③] 进步意味着一个理想化的未来，而怀旧则预设了一个高度浪漫化的过去。

但是请注意，我们这里并不是在谈论真正的历史趋势，而是纯粹心理的历史观。毕竟，对同一历史时期的记忆颇不相同，取决于我们是以进步的还是衰落的叙事来诉说它。举例来说，在 1992 年美国总统大选期间，乔治 · 布什将其总统任期说成一个取得实质进步的时期，以东欧剧变和由美国主导的世界新秩序之崛起为标志；而挑战者比尔 · 克林顿却呈现了一幅迥然不同的图景，他通过无情地聚焦国内贫困与

---

① 也可参见 Herman, *The Idea of Decline in Western History*; Graham, *The Shape of the Past*, pp. 83 – 111.

② Wells, "The Life and Growth of Language," pp. 51 – 52.

③ Graham, *The Shape of the Past*, p. 83.

失业率的狂飙，相当有效地淡化了这些历史性的国际发展势态。

17

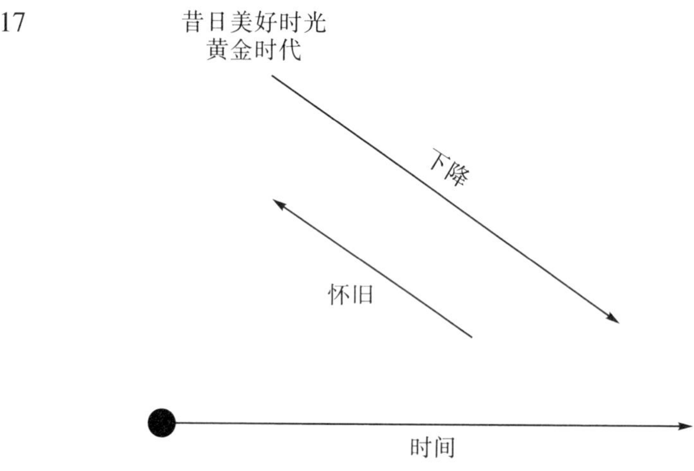

图 3　衰落叙事

正如假释听证会和终身教职审查所表明的那样，历史情节线往往会被外推，以暗示预期轨迹。为了理解这种对衰落叙事的策略性操纵，不妨想想对于哥斯达黎加卡塔戈市的兰克斯特植物园中森林砍伐造成的破坏性影响的挑衅性展示。一组描绘哥斯达黎加被热带雨林覆盖的土地数量逐步减少的地图依次排开，构成了一个令人不安的叙事。这个叙事始于 1940 年，当时它几乎完全是个绿色国家；止于 2025 年，那时将是一张意味深长、近乎空白的地图，上面打了个大大的问号。正如人们所预料的，将这样的历史倒退投射至未来，乃是“世界末日”情景的主要特征之一。

这种明显倒退性的记忆传统既经常体现于对某一神话般

黄金时代——此后的事物从根本上说一直都在走“下坡路”——的怀旧图景当中，也鲜明地体现于我们将祖先铭记为富有传奇色彩、近乎超人般的人物这一总体倾向当中。这种本质上保守的历史观在认为每代人的素质都稍逊于前辈 18
的传统犹太信仰[①]中得到了简明的概括，同时它也鲜明地体现于各种宇宙起源赋予人类的神圣族谱当中。它还隐含于我们利用家族树和其他世系地图来描绘时间流动时惯用的下行方向中[②]，隐含于我们一想到莎士比亚或莫扎特便会表现出的那种高度崇敬的方式中，隐含于我们对本民族“开国元勋”与过往体育“传奇”的记忆方式中。

跟进步论者的过去观一样，这种高度程式化的过去观也代表了一种特定的社会记忆传统。虽然我们通常认为悲观主义与乐观主义一样是一种个人特质，但其实它也是由整个记忆共同体共享的图式化记忆风格之一部分。事实上，虽然说“几乎一切文化（不管是过去的，还是现在的）都认为芸芸众生均不及其父母与先辈之标准”[③]，但这种特定的过去观（正如怀旧一样）[④] 在某些历史时期会比在其他时期更加常见。此外，尽管可将我们那悲剧般地无可挽回的伊甸园起源观追溯至古代犹太教，尽管赫西俄德在 2700 年前便已说过

① 也可参见 *The Babylonian Talmud*（London: Soncino, 1938）, vol. 2, pt. 2, p. 549（Tractate Shabbath, 112b）.

② Konrad Lorenz, *On Aggression*（New York: Bantam, 1971）, p. 217.

③ Herman, *The Idea of Decline in Western History*, p. 13.

④ Fred Davis, *Yearning for Yesterday: A Sociology of Nostalgia*（New York: Free Press, 1979）, pp. 104 - 108.

我们正在从某一理想化的黄金时代逐渐退化，但许多衰落叙事实际上乃是对于过分乐观的现代进步信仰的一种反拨。这一点既鲜明地体现于阿图尔·叔本华、弗里德里希·尼采那高度悲观的哲学当中，也鲜明地体现于由切萨雷·龙勃罗梭、埃德温·雷·兰克斯特、马克斯·诺尔道、奥斯瓦尔德·斯宾格勒所炮制出来的现代社会性或生物性的退化叙事当中。[1]

四、时间中的之字形

尽管进步叙事与衰落叙事大相径庭，但两者均拥有一个重要的形式特征。不管基本情节线向上还是向下，其包含的整个故事都呈现出单一且统一的方向。这种情形与结合向上、向下两种情节线以凸显历史轨迹已发生重大变化的叙事迥然不同：后者并不单单表现进步或者衰落，而是同时表现它们。

不出人们所料，这种“之字形”叙事既可采取两种基本形式中的其中一种，也可对它们做某种结合。一种是
19 “由升而降的叙事”，这从本质上说是一种悲剧情景：一个成功故事在经历诸如失业、破产、战败之类不幸事件之后急

---

① Bowler, *The Invention of Progress*, pp. 195 – 196; Peter J. Bowler, *Life's Splendid Drama: Evolutionary Biology and the Reconstruction of Life's Ancestry*, 1860 – 1940 (Chicago: University of Chicago Press, 1996), pp. 431 – 432; Herman, *The Idea of Decline in Western History*, pp. 91 – 127, 225 – 289.

转直下，而变成了一个衰落故事。罗马、英国、奥斯曼帝国以及20世纪90年代高科技产业的历史都堪称这种高度程式化的叙事之经典例子。另一种本质上正面的形式，则是灰姑娘式的“由降而升的叙事”：急剧下降陡然逆转而为重大上升。一个绝佳的例子乃是皈依叙事：道德沦丧最终通过为精神之光寻找到的某种新源泉而获得一个圆满结局，譬如“重获新生的”基督徒案例[①]、戒酒互助会等临床康复计划中司空见惯的康复叙事即是如此。在戒酒互助会中，成员们须得等到真正“触底”之后，才有望开始向幸福反弹。[②] 这样一种高度图式化的模式乃典型的自传体叙事，其中涉及在做出诸如戒烟、离婚、复学之类重大决定之后的剧烈反弹。这一点也突出地体现于民族救赎叙事当中，譬如传统上德国和日本的战后经济复苏史。

不过，由升而降的叙事和由降而升的叙事都有一个重要的形式特征：总是会牵涉某种剧烈的转向。不管临界转折点向上还是向下，都从根本上意味着一种历史轨迹发生了重大转向[③]，有时甚至彻底逆转。转折点乃是一个标记这种可知

① Wendy Traas, "Turning Points and Defining Moments: An Exploration of the Narrative Styles That Structure the Personal and Group Identities of Born-Again Christians and Gays and Lesbians" (unpublished manuscript, Rutgers University, Department of Sociology, 2000).

② Jenna Howard, "Memory Reconstruction in Autobiographical Narrative Construction: Analysis of the Alcoholics Anonymous Recovery Narrative" (unpublished manuscript, Rutgers University, Department of Sociology, 2000).

③ Andrew Abbott, "On the Concept of the Turning Point," *Comparative Social Research* 16 (1997): 85 – 105.

觉到的转变之心理路标。①

这种“转向”毕竟只是一种心理建构，因此当我们发现各种记忆共同体在最终如何记忆任何历史“转变”方面存在显著差异时，不必感到大惊小怪。为了理解这种社会记忆多元论，不妨比较一下东欧对于共产主义时期高度分歧性的记忆，或者比较一下民主党与共和党对于美国 20 世纪 70 年代末、80 年代初抱持的看法。举例而言，在 1984 年的总统选举中，前副总统沃尔特·蒙代尔始终把 20 世纪 70 年代末其任上岁月说成一个取得巨大社会进步的时期，1980 年罗纳德·里根的选举胜利使之戛然而止，并由此将美国基本带上了一条下坡路，而如今唯有自己当选总统才能逆转这一局面。从图 4 中，我们可以看到，他通过把 1980 年与一个为期四年的急剧衰落期之开端相联系，呈现出一种经典的由升而降的情景，而未来可能会有一个“圆满结局”。反之，里根则呈现了一种截然相反的由降而升的情景：他把 1980 年说成一个向上的临界转折点，从根本上逆转了卡特－蒙代尔任内灾难性的政治经济滑坡。里根信心满满地让选民比较一下他们 1980 年和 1984 年的生活质量，将自己的首届任期说成一个取得巨大进步的时期，并声称自己的连任至少会使该时期“再延续四年”。

---

① Tamara K. Hareven and Kanji Masaoka, "Turning Points and Transitions: Perceptions of the Life Course," *Journal of Family History* 13 (1988):272.

20

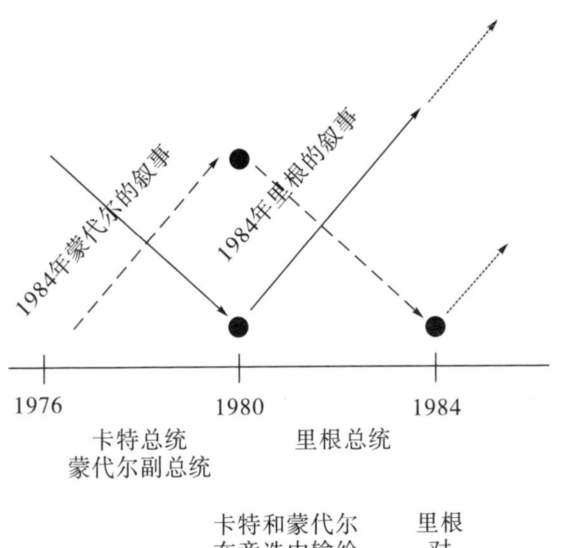

图 4　民主党和共和党对 1976—1984 年的看法

五、阶梯与树

截至目前，不管我们考察的历史叙事关乎进步、衰落抑或二者的某种“之字形”结合，其中牵涉的情节线本质上都是严格单线的。不过，这些单线情节线绝不是我们通常在脑海里组织过去的唯一轨迹类型。

正如上文提到的阶梯隐喻①所精辟揭示的那样，单线本

① John Gribbin and Jeremy Cherfas, *The Monkey Puzzle: Reshaping the Evolutionary Tree* (New York: Pantheon, 1982), p. 45; Bowler, *The Invention of Progress*, pp. 12 – 13; Bowler, *Life's Splendid Drama*, pp. 16, 424 – 425.

21 质上乃是一种连续发展观，即一个由连续桥段组成的单维序列，譬如：从石器、青铜再到铁器时代；从20世纪50、60年代再到70年代；从童年、成年再到老年。这种连续发展观也鲜明地体现于所谓的生物进化的种系模型和“生命历程”理念当中。它也是文化进化论所特有的：文化进化论基本上将从古至今一切人类文化都置于同一个阶梯的不同梯级上。这一视角不可避免地意味着，它拒不接受存在任何形式的文化同时代性，甚至到了将“原始”视作现代的某种过去版本之地步。于是乎，“低等”文化被视作活化石，认为其本质上乃是我们古代过去的冻结文物！①

单线叙事固有的目的论往往将某种有目的的设计归因于历史。② 因此它们通常也认为，其描述的历史轨迹的总体方向主要是被预先决定的。在这种叙事中，历史宛如一部自动扶梯，被认为具有明确的进程，而该进程又往往被说成一般规律。③ 举例来说，按照奥古斯特·孔德的看法，这些高度决定论的规律实际上规定着人类思维的路径基本上必须从一个历史发展阶段走向另一个，因为其中的每个阶段都是

① Johannes Fabian, *Time and the Other: How Anthropology Makes Its Object* (New York: Columbia University Press, 1983); Bowler, *Theories of Human Evolution*, pp. 41, 50; Clive Gamble, *Timewalkers: The Prehistory of Global Colonization* (Cambridge, Mass.: Harvard University Press, 1994), pp. 17 - 18.

② Bowler, *Theories of Human Evolution*, pp. 210 - 223. 也可参见 Landau, "Human Evolution as Narrative."

③ Bowler, *Life's Splendid Drama*, pp. 314, 339 - 352.

“前一阶段的必然结果，也是后一阶段不可或缺的助推器”[①]。

作为早期的文化进化论倡导者，孔德一再提到“进化”。[②]“进化”这一概念极有可能借自胚胎学，这个生物学的特殊分支明确以一种看似预先决定的进化过程作为核心。[③] 事实上，进化论叙事本质上乃是一种关于“生成”的目的论故事。这一点同时鲜明地体现于文化进化论叙事和生物进化论叙事当中：前者往往将现代文明描绘为社会、政治、经济上“发展”之缩影[④]；而后者基本上将人类视作造化之巅，并将地球上整个三十亿年的生命进化视作一个造就其“最终产物”的单一主题故事。这种叙事从根本上认为，“低级”生命形式只不过是处于“高级”生命形式在单线进化过程中的低级阶段，譬如这种叙事将类人猿看作早期创造人类未遂之产物![⑤]

具有讽刺意味的是，这种“失败的实验”的现实把我们从单线中拉回来，发展出一种完全不同的形式来叙述过

---

① Auguste Comte, *Cours de Philosophie Positive*, in *Auguste Comte and Positivism: The Essential Writings*, edited by Gertrud Lenzer (New York: Harper Torchbooks, 1975), p. 230. 也可参见 p. 285.

② 例如，参见 ibid., pp. 199, 211, 231, 233, 285.

③ Bowler, *The Invention of Progress*, p. 10.

④ József Böröcz, “Sticky Features: Narrating a Single Direction” (paper presented at the “Beginnings and Endings” seminar at the Center for the Critical Analysis of Contemporary Culture, Rutgers University, New Brunswick, September 1999).

⑤ Bowler, *Theories of Human Evolution*, pp. 214 – 215, 218 – 221; Bowler, *Life's Splendid Drama*, pp. 424 – 425.

去。两个世纪前，随着乔治·居维叶对生物灭绝的认识不断
22 增长，他引入了复线历史叙事。① 特别是，人类学家后来也意识到了原始人的灭绝，于是也追随其脚步。某些尼安德特人与解剖学意义上的现代人其实同时存在（而非只是生活于更早以前），因而不可能是我们的直系祖先，这种看法首先使我们意识到了这种灭绝不可避免的历史学意涵。② 将尼安德特人视作我们家族树上的“死胡同”分支③，促使我们抛弃人类进化的单线观。鉴于简单化的、单维的连续物种意象从根本上说是彼此取代的，这种单线观因此显然无法解释这种看似“不合时宜”的同时代性。而唯一仍在阻碍我们当中某些人接受复线观念的，乃是他们冥顽不化地拒不接受一个事实，即某些原始人类物种（而不止渡渡鸟和恐龙）实际上已毫无争议地灭绝了。④

这些本质上以人类为中心的蒙蔽物也阻碍着我们中的某些人去充分理解生物进化（或任何其他历史进程）的非目的论的、明显偶然的性质，而这一性质却不可避免地隐含于复线历史叙述当中。我们的“明星演员”实际上在整出进

---

① Nancy Stepan, *The Idea of Race in Science: Great Britain* 1800 – 1960 (Hamden, Conn.: Archon Books, 1982), pp. 11 – 13; Bowler, *Life's Splendid Drama*, p. 46.

② Michael Hammond, "The Expulsion of the Neanderthals from Human Ancestry: Marcellin Boule and the Social Context of Scientific Research," *Social Studies of Science* 12 (1982): 5, 20.

③ Ibid., pp. 2, 29; Bowler, *The Invention of Progress*, p. 126; Bowler, *Life's Splendid Drama*, p. 316.

④ Ian Tattersall and Jeffrey H. Schwartz, *Extinct Humans* (Boulder, Colo.: Westview, 2000), p. 174. 也可参见 p. 33.

化剧“99.99%的戏份中都处于幕后”[①]，这一事实应当可以帮助我们认识到进化本质上是一个无目的的、随意的过程，并不必然会导致人类的出现。确实，在我们现今已发现的古代化石中，有许多完全不在通往我们直系祖先的道路之上。[②]

或许是因为奥古斯特·施莱谢尔在19世纪50年代巧妙运用分支图表示不同语言之间复杂的谱系关系[③]，查尔斯·达尔文才受到启发，以一棵树的形式来呈现其关于生命进化的复线叙事，而在此过程中，沿着不断分歧的枝条而发生的物种分歧（即物种化）发挥着关键作用。[④] 而当今，追随达尔文脚步的大多数生物学家似乎更愿意采用一种二维的树意象（而非单维的阶梯意象），以表示这个极其复杂的过程。于是乎，我们现在将生命想象为“一棵枝繁叶茂的灌木，它不断地被可怕的灭绝收割者修剪，而不是一个可预测的进

---

① Matt Cartmill, "'Four Legs Good, Two Legs Bad': Man's Place (if Any) in Nature," *Natural History* 92 (November 1983): 65.

② Gribbin and Cherfas, *The Monkey Puzzle*, p. 45. 也可参见 Bowler, *Theories of Human Evolution*, pp. 14, 41.

③ Konrad Koerner, "On Schleicher and Trees," in *Biological Metaphor and Cladistic Classification: An Interdisciplinary Perspective*, edited by Henry M. Hoenigswald and Linda F. Wiener (Philadelphia: University of Pennsylvania Press, 1987), pp. 111-112. 也可参见 Henry M. Hoenigswald, "Language Family Trees, Topological and Metrical," in *Biological Metaphor and Cladistic Classification: An Interdisciplinary Perspective*, edited by Henry M. Hoenigswald and Linda F. Wiener (Philadelphia: University of Pennsylvania Press, 1987), pp. 257-267; Bowler, *The Invention of Progress*, p. 151.

④ Charles Darwin, *The Origin of Species* (New York: Mentor Books, 1958 [1859]), pp. 115-117, 392-393（页码引自重印版）; Wells, "The Life and Growth of Language," p. 50.

步阶梯”①。

这种复线意象也有助于提醒我们，“‘较简单的’生物并非人类祖先，……而只是生命之树上的旁支”②，因为毕竟“没有任何现存物种可以成为任何其他物种的祖先”③。从图5的进化分支图中可见，尽管存在各种流行的、受单线叙事启发的人类进化图示④，但现代的黑猩猩和大猩猩都并非人类进化的“早期”形式，而是我们的同时代者！⑤ 尽管存在文化进化论，但“原始”文化也是进化而来的。⑥

“阶梯”叙事

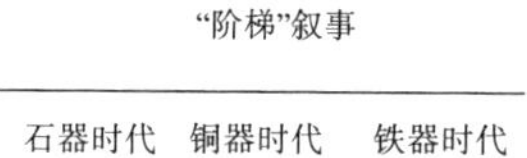

23

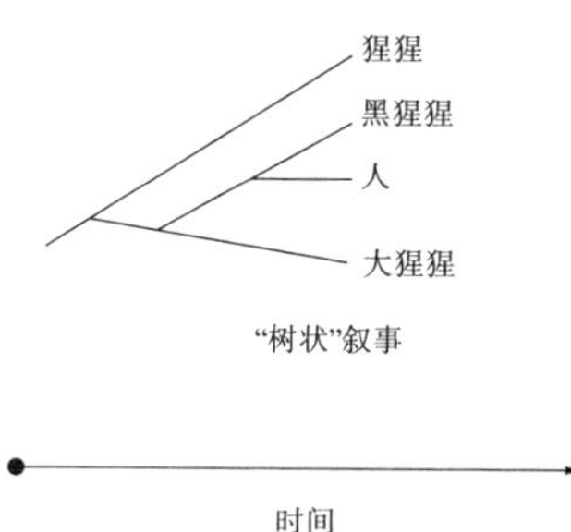

“树状”叙事

时间

图5　单线与复线的历史情节线

---

① Stephen J. Gould, *Wonderful Life: The Burgess Shale and the Nature of History* (New York: W. W. Norton, 1989), p. 35. 也可参见 Gribbin and Cherfas, The Monkey Puzzle, p. 45; Tattersall and Schwartz, *Extinct Humans*, p. 33.

② Gould, *Wonderful Life*, p. 45.

③ Bowler, *Life's Splendid Drama*, p. 426.

④ 例如，参见 the illustrations in Gould, *Wonderful Life*, pp. 29 – 35.

⑤ 也可参见 ibid., p. 29.

⑥ Fabian, *Time and the Other*.

六、圆与韵脚

在我们目前所考察的每一种历史叙事中（不管单线的还是复线的），时间似乎始终在“向前”运动。因此，在我们记忆的任何事件序列中，谁先谁后总是一目了然。然而，还有一种主要的图式化形式，它在组织我们的记忆时并不以这种方向性作为前提。

虽然我们通常将时间视作一个可用直箭头来图示的实体，就像图 1 至图 5 中那样，但我们有时候也会感觉事物是在“转圈式地”运动。[①] 不过，这两种形成鲜明对照的时间观并非水火不容。举例而言，我们从图 6 中可以看到，处于 2002 年的某一特定历史时刻并不排除它也被指定为 2 月 17 日周日下午 4 点 36 分，因此可以将它放在四个不同的轮子上，而这些轮子均沿着直路前进。[②] 这是一种呈明显周期性的历史观，它从根本上拒绝将历史事件线性地视作一个个独

---

① 例如，参见 Eviatar Zerubavel, *The Clockwork Muse: A Practical Guide to Writing Theses, Dissertations, and Books* (Cambridge, Mass.: Harvard University Press, 1999), pp. 40, 46, 83 - 84.

② Eviatar Zerubavel, *Patterns of Time in Hospital Life: A Sociological Perspective* (Chicago: University of Chicago Press, 1979), pp. 1 - 2, 37 - 38; Eviatar Zerubavel, *The Seven-Day Circle: The History and Meaning of the Week* (New York: Free Press, 1985), pp. 83 - 84. 也可参见 Edmund Leach, "Two Essays concerning the Symbolic Representation of Time," in *Rethinking Anthropology* (London: Athlone, 1961), pp. 124 - 36; Johanna E. Foster, "Menstrual Time: The Sociocognitive Mapping of 'The Menstrual Cycle,'" *Sociological Forum* 11 (1996): 529 - 532.

一无二的事件，而是基本上将事物想象为被困在某种永恒的当下，就像电影《土拨鼠日》中的主角那样。因是之故，犹太人传统上将亚玛力人视作敌人并不只是个隐喻：在这种神话般的“泛时”[①] 观之下，那个可悲的圣经敌人实际上还一直活着！毕竟，在这种明显非线性的历史观中，我们明显现代的时代错误观甚至毫无立锥之地。[②]

24

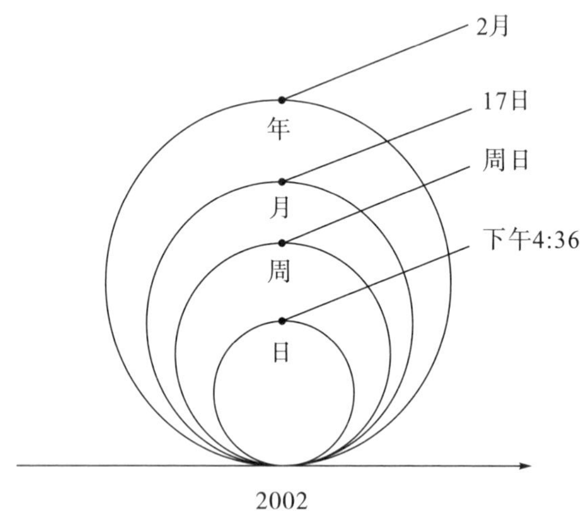

图 6　线状与环状的时间观

人类一直到晚近可能都始终在以这种方式感受时间，尽管如今它对我们而言已显得有点古里古怪了。事实上，我们毫不妥协的线性过去观（这象征性地体现在现代已将“时

---

① Samuel C. Heilman, *The People of the Book: Drama, Fellowship, and Religion* (Chicago: University of Chicago Press, 1983), p. 65.

② 也可参见 David Lowenthal, *The Past Is a Foreign Country* (Cambridge: Cambridge University Press, 1985), p. 241.

间旅行”贬谪到了科幻小说当中）直到过去数千年中才得以真正形成。虽然我们可能已几乎摒弃了历史真会重演这一
神话信仰[①]，但我们依旧为这种传统的非线性时间观保留了 25
一个多多少少比较温和的版本。

这一版本的精髓深刻地体现于马克·吐温的“历史不会重演，但历史会押韵”[②] 这句隽语当中。从图 7 中，我们可以看到，正是由于这种历史“押韵”，我们才得以想象周期。横着读这三首“诗”带给我们的是一种严格线性的历史观，然而我们竖着读便会注意到重复出现的“秋天”“周六”与“总统选举”。这种“押韵”意味着过去与现在虽迥然有别，但又基本相似，让人油然而生一种“我们又来了”的似曾相识之感。

Winter 1973,Spring 1973,Summer 1973,Autumm 1973
Winter 1974,Spring 1974,Summer 1974,Autumm 1974
Winter 1975,Spring 1975,Summer 1975,Autumm 1975
Winter 1976,Spring 1976,Summer 1976,Autumm 1976 26

Sunday June 2, Monday June 3, Tuesday June 4, Wednesday June 5, Thursday June 6, Friday June 7, Saturday June 8
Sunday June 9, Monday June 10, Tuesday June 11, Wednesday June 12, Thursday June 13, Friday June 14, Saturday June 15
Sunday June 16, Monday June 17, Tuesday June 18, Wednesday June 19, Thursday June 20, Friday June 21, Saturday June 22
Sunday June 23, Monday June 24, Tuesday June 25, Wednesday June 26, Thursday June 27, Friday June 28, Saturday June 29

1985(Post-election year), 1986(Midterm Elections), 1987(Pre-election year), 1988(Election year)
1989(Post-election year), 1990(Midterm Elections), 1991(Pre-election year), 1992(Election year)
1993(Post-election year), 1994(Midterm Elections), 1995(Pre-election year), 1996(Election year)
1997(Post-election year), 1998(Midterm Elections), 1999(Pre-election year), 2000(Election year)

图 7　历史韵脚

---

① Mircea Eliade, *The Sacred and the Profane: The Nature of Religion* (New York: Harcourt, Brace & World, 1959), pp. 68 – 113. 也可参见 Marshall Sahlins, *Historical Metaphors and Mythical Realities: Structure in the Early History of the Sandwich Islands Kingdom* (Ann Arbor: University of Michigan Press, 1981), p. 14.

② David H. Fischer, *The Great Wave: Price Revolutions and the Rhythm of History* (New York: Oxford University Press, 1996), p. 3.

从这种重现叙事中可见，记忆往往通过从根本上“将可类比的人物或情景合而为一”来将历史图示化。[①] 卢旺达的记忆传统就是一个绝佳的例子：它按照“A 征服 - B 不幸 - C 繁荣 - D 立法者”的程式化模式，将过往君主集合为一个包含四个君主的周期。[②] 人们究竟是将某个国王回忆为“征服者”抑或“立法者”提醒我们，社会记忆基本上不仅包括特定的历史人物（如英诺森三世）和事件（如克里米亚战争），而且也包括明显类属的人物（如教皇）和事件（如战争）。[③]

当我们将某一特定历史人物或事件误作另一人物或事件时，这种记忆类型化便会表现得格外突出。这些记忆差错本质上发生在同一范畴内部，有助于勾勒出惯例性的范畴之基本轮廓，而在范畴内部，我们往往会从心理上对“相似的”历史人物或事件予以合并。[④] 举个例子，以色列人会将虽然纪念的是不同历史事件却具有如出一辙的图示化程式（如“反抗外国占领的军事起义”）的传统节日混为一谈，此时

---

① Jan Vansina, *Oral Tradition as History* (Madison: University of Wisconsin Press, 1985), p. 21.

② Ibid., p. 166.

③ 关于类型化的过程，参见 Alfred Schutz and Thomas Luckmann, *The Structures of the Life-World* (Evanston, Ill.: Northwestern University Press, 1973), pp. 77, 229 - 241; Peter L. Berger and Thomas Luckmann, *The Social Construction of Reality: A Treatise in the Sociology of Knowledge* (Garden City, N. Y.: Doubleday, 1966), pp. 30 - 34.

④ Eviatar Zerubavel, "Lumping and Splitting: Notes on Social Classification," *Sociological Forum 11* (1996): 430.

他们记忆其民族过去的类型化方式就会变得一目了然。[①] 有时候，我们碰巧真真切切地记得发生在我们某个孩子身上的某件事情，但死活想不起这究竟是发生在哪个孩子身上，此时记忆类型化也相当明显。

七、山脉与山谷

而除了总体轨迹不同之外，对历史叙事的感知“密度”也迥然不同。这种记忆密度不仅对于影响这些叙事的总体面貌同样重要，而且也折射出我们对于不同历史时期的实际记忆之强烈程度。

作为一种严格数学性实体[②]的时间是均质的，这一分钟与那一分钟本质上完全相等，传统的时钟测量方式即证明了这一点。但是，不同分钟之间在经验上却大相径庭，这取决于我们兴奋抑或无聊、我们心仪的球队领先抑或落后，不一而足。[③] 不过，我们赋予时间的不同质量却并不仅仅是个人性的。举例而言，若是被官方认定为“加班”，我们在同样长的工作时间内获得的报酬便会高得多。[④] 可见，相同的时

---

① Y. Zerubavel, *Recovered Roots*, pp. 220 - 221.

② Eviatar Zerubavel, *Hidden Rhythms: Schedules and Calendars in Social Life* (Chicago: University of Chicago Press, 1981), pp. 59 - 64.

③ 参见 Michael G. Flaherty, *A Watched Pot: How We Experience Time* (New York: New York University Press, 1999).

④ E. Zerubavel, *Patterns of Time in Hospital Life*, pp. 113 - 114.

延在社会意义上往往不尽相同。[①] 正如我们通常会将“圣”日与介于其间、看似毫无特征的时段区隔开一样[②]，这种质量异质性[③]集中体现在我们对特别（“标出”）与寻常（“非标出”）的时间的区分方式上。[④] 周即为一个绝佳的例子，周乃一种“标出”与“非标出”的日子周而复始交替之周期，此周期被专门用以表示社会现实中特别时段与寻常时段之间的主要文化对立。[⑤]

这种明显质性的时间取向也体现在我们想象过去的方式上。对于“多事的”历史时期与“无事的”、看似空白的历史“平静期”的区分[⑥]是一种相当普遍的社会心理区分，并

---

① Henri Hubert,“Etude Sommaire de la Représentation du Temps dans la Religion et la Magie,” in *Mélanges d'Histoire des Religions*, edited by Henri Hubert and Marcel Mauss (Paris: Félix Alcan and Guillaumin, 1909), p. 207; Pitirim A. Sorokin, *Sociocultural Causality, Space, Time: A Study of Referential Principles of Sociology and Social Science* (Durham, N. C.: Duke University Press, 1943), p. 184.

② Hubert,“Etude Sommaire de la Représentation du Temps,” pp. 197 - 203; Sorokin, *Sociocultural Causality, Space, Time*, pp. 183 - 184.

③ Henri Bergson, *Time and Free Will: An Essay on the Immediate Data of Consciousness* (New York: Harper and Row, 1960), pp. 90 - 128, 222 - 240.

④ Eviatar Zerubavel,“The Social Marking of the Past: Toward a Socio-Semiotics of Memory,” in *The Cultural Turn*, edited by Roger Friedland and John Mohr (Cambridge: Cambridge University Press, in press). 也可参见 Emile Durkheim, *The Elementary Forms of Religious Life* (New York: Free Press, 1995 [1912]), p. 313（页码引自重印版）; Leach,“Two Essays concerning the Symbolic Representation of Time”; W. Lloyd Warner, *The Family of God* (New Haven, Conn.: Yale University Press, 1961), pp. 345 - 373; Foster,“Menstrual Time,” pp. 525 - 528.

⑤ E. Zerubavel, *The Seven-Day Circle*, pp. 113 - 220.

⑥ Sorokin, Sociocultural Causality, Space, *Time*, p. 212; George Kubler, *The Shape of Time* (New Haven, Conn.: Yale University Press, 1962), p. 75.

由此深刻影响着过去的社会面貌。“非标出”的历史时段通常被认为不太值得记忆，因而被从根本上打入社会遗忘的冷宫。如此，我们最终对某些历史时期的记忆会远比对其他时期的记忆来得强烈。可见，一台强大的社会投影仪会突出过去的某些部分，而把其他部分弃置于无边的黑暗当中①—— 27
这就是我们会将在公元前 1100 年左右的迈锡尼文明覆灭与公元前 800 年左右的古希腊世界崛起之间看似无事发生的那三个世纪视作“黑暗”时代之原因。②

这样一种本质上“光学”的过去视角乃是某些历史对焦准则之产物，这些准则规定着我们应该从记忆意义上“关注”什么③、我们应该忽略并由此遗忘什么。可见，这就需要从根本上区分我们认为在历史上“重要”因而应被集体记忆的事物与被认为“不相干”因而被社会从根本上遗忘的事物④（这跟“图形”与“背景”之间的区分⑤如出

---

① 也可参见 Glassie, *Passing the Time in Ballymenone*, p. 659.

② A. M. Snodgrass, *The Dark Age of Greece: An Archeological Survey of the Eleventh to the Eighth Centuries B. C.* (Edinburgh: Edinburgh University Press, 1971); Peter James, *Centuries of Darkness: A Challenge to the Conventional Chronology of Old World Archaeology* (New Brunswick, N. J.: Rutgers University Press, 1993); Ian Morris, "Periodization and the Heroes: Inventing a Dark Age," in *Inventing Ancient Culture: Historicism, Periodization, and the Ancient World*, edited by Mark Golden and Peter Toohey (London: Routledge, 1997), pp. 96 – 131.

③ 也可参见 Eviatar Zerubavel, "Language and Memory: 'Pre-Columbian' America and the Social Logic of Periodization," *Social Research* 65 (1998): 328.

④ 也可参见 Claude Lévi-Strauss, *The Savage Mind* (Chicago: University of Chicago Press, 1966), p. 257.

⑤ 也可参见 E. Zerubavel, *Social Mindscapes*, pp. 50 – 52.

一辙）。一个绝佳的例子是这样一种普遍倾向：将战争视作多事的因而值得记忆，而将不同战争之间长得多的“平静期”视作近乎一片空白。

我们甚至还会将连续数个世纪都想象为近乎一片空白[①]，由此事实可见，对历史时期的感知密度迥然有别。因此，历史呈现为一种浮雕地图的形式，过往事件中值得记忆的事件、值得遗忘的事件被分别放在记忆的山峰与山谷上来加以表现。于是乎，历史的总体形状便由历史上若干“多事的”山脉组成，它们散布在开阔的、看似空白的山谷中，这里仿佛从来不曾发生过任何富有历史意义的事情似的。[②]

这一鲜明的地形意象似乎意味着，在社会意义上“被标出”的历史时期占据的记忆“空间”远远大于其基于严格的数学理由而应该占据的记忆“空间”。这一不同的历史区间密度构成了一个重要的符号学符码。正如克劳德·列维-斯特劳斯所指出的：

> 我们以大量的日期来编码某些历史时期，而只将较少日期用于其他历史时期。用于时延相同的时期的不同日期数量，即是对所谓**“历史压强”**之度量：在有些时期……大量事件作为各不相同的元素冒出来；反之，

① 例如，参见 Snodgrass, *The Dark Age of Greece*, pp. 16, 20.

② Glassie, *Passing the Time in Ballymenone*, pp. 621－622; Nadia Abu El－Haj, *Facts on the Ground: Archaeological Practice and Territorial Self-Fashioning in Israeli Society* (Chicago: University of Chicago Press, 2001), pp. 148－158.

> 在其他时期……却很少或根本没有事情发生（尽管对这些时期的过来人而言，当然并非如此）。……因此，历史知识犹如带有调频功能的无线电一般运作：它宛如一根神经，通过与其变化成比例的脉冲频率……编码出一个连续量。[①]

因是之故，《历代志》关于所罗门王的统治有 201 节，而关
于约阿施的统治只有 27 节，尽管事实上据说两者的在位时 28
间均为 40 年。同样，希西家王 29 年的统治（117 节）比其子玛拿西 55 年的统治（仅 20 节）篇幅也显赫得多。[②] 这清楚地告诉了我们所罗门与希西家在犹太人集体记忆中的相对位置。

不妨再想想克利夫顿·丹尼尔在《美国编年史》中给予 1492—1988 年美国历史上近 50 个“十年”的相对篇幅。我们从图 8 中可以看到，在数学上相等的历史区间具有不同的记忆标出性，这一点很能说明问题。举例而言，我们可以从分配给 19 世纪 50 年代及其相邻的 19 世纪 60 年代、20 世纪 40 年代及其相邻的 20 世纪 50 年代的篇幅之间的两相对照中，看到战争时期的特殊记忆性，因为这几个十年在严格数学意义上是完全相等的。同样，当一个 3 年的区间（1775—1777）与另一个 60 年的区间（1690—1749）在书中被给予完全相同

---

① Lévi-Strauss, *The Savage Mind*, p. 259.

② 2 *Chronicles*, 1:1 – 9:31, 24:1 – 27, 29:1 – 33:20.

的篇幅（24 页）时①，这两个时期在感知的历史“多事性”（以及由此而来的社会记忆性）方面是何等不同便一目了然。大多数美国人对 18 世纪 70 年代比对 19 世纪 30 年代似乎更加熟悉，这一事实所揭示的显然不止一个晚近问题。

29

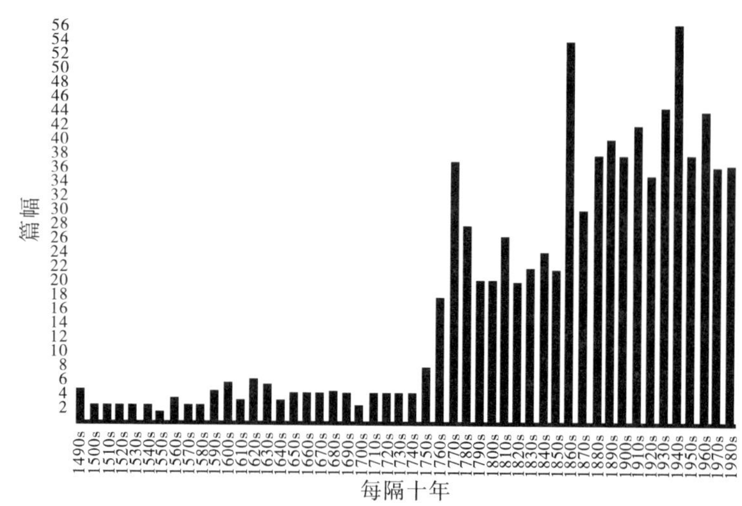

图 8　美国历史的社会记忆密度

这种数学上相等的时间区间的质量异质性强调的是一种非计量的年代取向，其中牵涉从记忆上夸大某些历史时期，而压缩其他历史时期。例如，在德国老年人生命史中隐含的非计量时间线上，1935—1941 年与 1942—1945 年相比近乎

① Clifton Daniel, *Chronicle of America* (Mount Kisco, N. Y.: Chronicle Publications, 1989), pp. 82 - 105, 142 - 165.

一片空白。[①]

但集体记忆并非个人记忆的简单相加，这种个人浮雕地图也无法把握到整个国家集体认为什么才是历史意义上的多事或者无事。为了观察过去的社会“标出性”，我们有必要检视由整个记忆共同体建构的社会时间线。为此，我们必须诉诸社会性的记忆之所。不出人们之所料，在官方历史教科书中被给予更多篇幅的历史时期，或者在国家博物馆中被设置专门展区的历史时期，皆是各国给予最强烈记忆聚焦的神圣时期。[②] 鉴于神圣性往往透过仪式而显现[③]，因此我们也有必要检视对过往主要人物与事件的仪式化纪念方式。毕竟，通过从非标出历史时段中蚀刻出某些标出时期，仪式化的纪念可以帮助记忆共同体明确表达什么才是他们所认为的历史意义上的多事。因为它“从一个寻常历史序列中提炼出那些体现着我们最深刻、最根本价值观的特别事件”，故而它基本上充当了“一个神圣历史之登记簿”。[④] 事实上，纪念仪式[⑤]往往体现着主要的社会时间线。

举例而言，不妨想想那些具有鲜明纪念性的仪式展示，

---

① Ulrich Herbert, "Good Times, Bad Times," *History Today* 36 (February 1986): 44. 也可参见 Howard Schuman and Jacqueline Scott, "Generations and Collective Memories," *American Sociological Review* 54 (1989): 359 - 381.

② E. Zerubavel, "The Social Marking of the Past."

③ Durkheim, *The Elementary Forms of Religious Life*, pp. 303 - 417.

④ Barry Schwartz, "The Social Context of Commemoration: A Study in Collective Memory," *Social Forces* 61 (1982): 377.

⑤ Y. Zerubavel, *Recovered Roots*. 也可参见 Paul Connerton, *How Societies Remember* (Cambridge: Cambridge University Press, 1989).

诸如纪念邮票、街道名称[1]、公众游行，它们都是为了纪念主要的历史人物或事件而专门设置的。检视其年代分布方式自然有助于确定一个群体历史中的神圣时期。威廉·洛伊·华纳做了个关于新英格兰一个小镇上纪念游行的经典研究，他发现纪念游行的实际历史内容仅仅表现了小镇最初三个世纪的集体过去，可见记忆共同体认为构成其历史的事件在年代分布上并不均匀：

> 30 游行队伍中的43辆彩车……串起了官方庆祝的整个300年。……从年代上说，它们并未均匀地串起这三个世纪。在游行的社会时间与客观时间的年表之间存在鲜明差异。……既然要庆祝的是300年，若是纯粹随机的统计概率在起作用，那么每个世纪都会获得三分之一的展示场景，每半个世纪、每四分之一个世纪也会被按比例地给以象征事件。……但事实上，一个仅十余年的短暂时期却收获了跟此前一百年一样多的关注。还有整整四分之一个世纪，根本没有彩车来代表它。[2]

通过对比计量的“年代”与非计量的“社会时间”，他发现了不均匀的年代分布模式，譬如有10辆彩车代表1780—

① Maoz Azaryahu, "The Purge of Bismarck and Saladin: The Renaming of Streets in East Berlin and Haifa," *Poetics Today* 13 (1992): 351 - 366.

② W. Lloyd Warner, *The Living and the Dead* (New Haven, Conn.: Yale University Press, 1959), pp. 129 - 130.

1805年，却几乎没有彩车来代表数学上相等的1705—1730年![1] 从对于华盛顿特区美国国会大厦中艺术收藏品所公开纪念的历史事件的类似分析中，也可见到这样的年代密度模式。举个例子，人们只要比较一下美国对高度“多事的”18世纪70年代和近乎贫瘠的18世纪60年代的公开纪念[2]，即可充分认识到过去中的神圣山脉与世俗山谷之间的根本对立。

在这点上，日历乃是另一个极其有用的、社会性的记忆之所。作为专门用以纪念特定历史事件的“圣日”周期，日历年通常体现了记忆共同体从其过去中集体编织出来的主要叙事。因此，检视哪些特定事件在节日被纪念有助于我们确定其历史上的神圣时期。

举例来说，利比亚在每年的革命日（穆阿迈尔·卡扎菲上校推翻伊德里斯国王）、英国基地撤离日（关闭在阿丹姆和图卜鲁格的军事基地）、美国基地撤离日（关闭惠勒斯空军基地）、法西斯定居者撤离日（将意大利人逐出利比亚），都会纪念一连串相当“密集的”历史事件，这些事件都发生在1969年9月到1970年10月这个短暂却极其“多事”的时期。类似地，安哥拉每年也用五天（武装部队日、英雄日、独立日、胜利日、安哥拉人民解放运动成立日）
来纪念它从1974年恢复从葡萄牙下争取独立的民族斗争到 31

① W. Lloyd Warner, *The Living and the Dead* (New Haven, Conn.: Yale University Press, 1959), p. 133.

② Schwartz, "The Social Context of Commemoration," pp. 381 - 382.

1977 年最终将安哥拉人民解放运动变为一个成熟的政党的那三年时期。还值得注意的是，海地的 1803—1805 年、阿塞拜疆的 1990—1991 年、乌拉圭的 1825—1828 年、土耳其的 1919—1923 年、菲律宾的 1896—1898 年获得的记忆关注也极不成比例，每个国家每年都至少有三个不同的国家节日专门纪念它。[①]

日历上基本包含了一年一度的纪念节日周期，其中通常含有类似于地震图的叙事：以一些非常值得记忆的神圣山峰的形式来概括群体的历史，它们零星地耸立于近乎非标出的世俗时间那开阔的、在纪念意义上贫瘠的山谷当中。可见，这些记忆标尺通过凸显不同历史时段之间迥然不同的记忆密度，捕捉到了历史"多事性"不均匀的年代分布。

我对 191 个这种记忆标尺做了广泛的跨国分析[②]，并从中发现了一个非常有趣的模式。就国家记忆而言（尽管证

---

① 我这里所利用的191个国家的国历数据集的信息基于 *Europa World Year Book 1997* (London: Europa Publications, 1997); Miranda Haines, ed., *The Traveler's Handbook*, 7th ed. (London: Wexas, 1997); Helene Henderson and Sue Ellen Thompson, eds., *Holidays, Festivals, and Celebrations of the World Dictionary*, 2d ed. (Detroit: Omnigraphics Inc., 1997); Robert S. Weaver, *International Holidays: 204 Countries from 1994 through 2015* (Jefferson, N. C.: McFarland, 1995); Ruth W. Gregory, *Anniversaries and Holidays*, 4th ed. (Chicago: American Library Association, 1983); Chase's 1997 *Calendar of Events* (Chicago: Con-temporary Publishing Co., 1996); and various country-specific travel guides.

② Eviatar Zerubavel, "Calendars and History: A Comparative Study of the Social Organization of National Memory," in *States of Memory: Conflicts, Continuities, and Transformations in National Commemoration*, edited by Jeffrey K. Olick (Durham, N. C.: Duke University Press, in press).

据似乎表明这是一种普遍得多的模式)[①]，过去的社会面貌基本上呈“双峰”形态：国家节日纪念的大多数事件要么发生于极其遥远的过去，要么发生于过去两百年以内。因此，各国日历上纪念的事件通常形成了两个密集的年代群，它们分别代表精神起源与政治起源，而两者之间则隔着大段纪念意义上的“空白”时间。

泰国的国历从形式上概括的通往过去的官方社会记忆之旅绝佳地证明了这个相当普遍的模式。它以佛陀生命中的三起重大事件开头：约公元前 563 年佛陀诞生（每年在佛诞日加以纪念），约公元前 528 年佛陀首次公开布道（佛祖开示纪念日），约公元前 483 年宣布佛陀即将圆寂（万佛节）。[②]我们从图 9 中可以看到，在记忆意义上密集的这 80 年之后，是长达 2665 年在纪念意义上贫瘠的历史“平静期”，一直到 1782 年当今皇室王朝的建立（查库里王朝纪念日）才得以告终。泰国的其余三个历史节日专门用以纪念国王拉玛五世从 1868 年到 1910 年的统治（五世皇纪念日）、1932 年泰

---

① G. I. Jones, "Time and Oral Tradition with Special Reference to Eastern Nigeria," *Journal of African History* 6 (1965): 153 - 155; David P. Henige, *The Chronology of Oral Tradition: Quest for a Chimera* (London: Oxford University Press, 1974), p. 27; Joseph C. Miller, "Introduction: Listening for the African Past," in *The African Past Speaks: Essays on Oral Tradition and History* (Folkestone, England: William Dawson, 1980), pp. 36 - 37; Vansina, *Oral Tradition as History*, pp. 23 - 24, 168 - 169; Mary Douglas, *How Institutions Think* (Syracuse, N. Y.: Syracuse University Press, 1986), pp. 72 - 73.

② 我在这里故意不对“历史”事件与“神话”事件或“传奇”事件做区分，因为我并不关心任何特定的被纪念事件是否真的发生过，只要该事件传统上被锚定于某种集体共享的过去之中即可。

国向君主立宪制的历史性转变（宪法日）、1946 年现任统治者拉玛九世登基（加冕日）。[①]

32

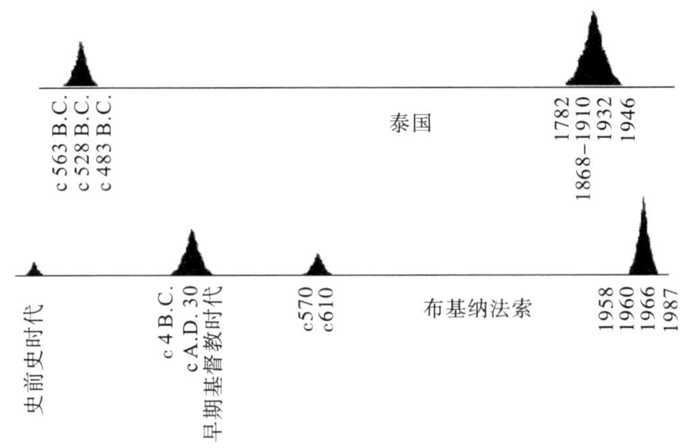

图 9　国家记忆标尺

但社会中往往并非只有单一的记忆共同体，有些国家会庆祝两种（叙利亚）、三种（苏里南）、四种（孟加拉国）乃至六种（印度）不同宗教的节日，这样官方便并行不悖地纪念着彼此独立的多重过去。不出人们之所料，当一个国家将其精神根源追溯至不止一种宗教时，体现于日历中的记忆标尺就往往会折射出其身份上的结构复杂性。

这种记忆融合的一个绝佳例子，是浓缩于布基纳法索国历中的“三幕”记忆标尺。我们从图 9 中可以看到，除了

---

① 这里所呈现的日历数据反映了1999年的状况。然而，这种记忆标尺会不可避免地流动，因为随着国家政治局势的变化，新节日会增添到日历上，旧节日会被从日历上删除。参见 E. Zerubavel，“Calendars and History.”

唯一的例外（每年在穆斯林的古尔邦节纪念伊斯梅尔未酬的牺牲这一史前神话事件），前上沃尔特在日历中纪念的过去基本上由三座神圣的历史山脉组成，而山脉之间隔着开阔的、近乎空白的历史山谷。第一个纪念节日群旨在唤起该国的基督教根源：约公元前 4 年耶稣诞生（圣诞节），约公元 30 年耶稣升天（升天日），不久之后耶稣的母亲升天（圣母蒙召升天节），以及由圣徒节所代表的年代上模糊的早期。
第二个节日群旨在唤起布基纳法索独特的伊斯兰根源：约公 33
元 570 年穆罕默德诞生（先知诞辰），约公元 610 年穆罕默德开始做神圣启示的时期（斋月）。在经过纪念意义上空白而漫长的 1350 年“平静期”之后迎来了第三个集群，包括相对晚近的民族政治事件，如 1958 年上沃尔特决定成立共和国（共和国日），1960 年从法国正式取得独立（独立日），1966 年武装推翻莫里斯·亚梅奥果总统（革命日），1987 年武装推翻托马斯·桑卡拉总统（1987 年政变周年纪念日）。

这种记忆标尺最显著的特征之一是在群体的集体记忆中留下了近乎空白的漫长历史时段。因此之故，在整个伊斯兰世界中，从大约公元 620 年著名的穆罕默德夜游天堂（传统上在先知升天日予以纪念），或者公元 680 年什叶派的圣侯赛因殉难（阿舒拉节），一直下迄 20 世纪，中间横亘着一道长达 13 个世纪的日历 - 纪念鸿沟。更引人注目的是，在整个基督教世界的大多数国历中，我们可以看到一道长达十八九个世纪的记忆鸿沟——一次官方的纪念停电，这道鸿沟通常始于1世纪的玛利亚升天，最终只是凭借着1788年英国移民在澳大利亚定居（澳大利亚日），1789年攻打巴士底狱（巴士底狱日）、美国革命（7月4日）等相对现代的社会记忆灯塔的灼灼光芒才填补了鸿沟。

事实上，在我所检视的这191个国历中，只有22个唤起了关于在680—1776年的历史事件（除1492年著名的欧洲“发现”美洲之外）或建功立业的人物之记忆，而其中13个国历中的这种记忆仅牵涉16或17世纪。可见，全世界实际上只有9个国家的国家节日中纪念了发生于680—1492年的事情：印度（约1469年锡克教创始人拿那克诞生）、匈牙利（国王史蒂芬一世的统治，1001—1038）、捷克共和国（863年斯拉夫文化诞生、1415年扬·胡斯殉难）、立陶宛（约1240年明道加斯大公加冕）、安道尔（1278年法国与乌格尔主教签订共同宗主权协定）、斯洛伐克（863年斯拉夫文化诞生）、瑞士（1291年瑞士联邦成立）、保加利亚（855年西里尔字母的发明）、西班牙（899年在坎普斯特拉对圣詹姆斯尸体的著名发现）。这也就意味
34 着至少在日历纪念的意义上，第8世纪、10世纪、12世纪、14世纪在全世界范围内都被认为近乎“空白”！

不用说，这些看似贫瘠的历史山谷绝不是真的一片空白。1926年——一个典型寻常的（因而“非标出的”）年份——的一幅引人入胜、纹理饱满的肖像有力地证明了一点：即使是在我们后来的回忆中近乎空白的时期实际上也相

当多事。[1] 这提醒我们，在实际发生的历史与对历史的惯例性记忆方式之间存在根本差异。

八、连奏与断奏

不管我们以何种特定形式的历史叙事帮助我们对过去施加某种回溯性的结构，都存在想象时间如何在叙事中实际推进的两种基本模式。一种模式表现为本质上毗邻的历史时段平滑地流进彼此，宛如构成连奏乐章的音符一般。另一种模式则倾向于凸显非连续的断裂之处，这些断裂将两个看似离散的历史桥段区隔开，宛如构成断奏乐章的音符一般。[2] 我们从图 10 中可以看到，在第一种类型的历史乐章中，变化基本上被视作渐进的，譬如当我们叙述一个人作为读者或棋手在技能上的不断发展时采用的方式便是如此。与此不同，在第二种类型的历史乐章中，变化突如其来，譬如我们在叙述医疗或军事职业时，就通常会采用这种方式。[3] 从我们叙述艺术史、移民时采用的“风格”与“浪潮”等概念中可见，这两种想象变化的一般模式牵涉两种截然不同的过去

---

① Hans U. Gumbrecht, *In 1926: Living at the Edge of Time* (Cambridge, Mass.: Harvard University Press, 1997).

② Eviatar Zerubavel, *The Fine Line: Making Distinctions in Everyday Life* (New York: Free Press, 1991), pp. 9 - 10, 23 - 24, 27, 30 - 31, 72. 也可参见 Richard Sorabji, *Time, Creation, and the Continuum: Theories in Antiquity and the Early Middle Ages* (Ithaca, N. Y.: Cornell University Press, 1983).

③ 也可参见 E. Zerubavel, *Patterns of Time in Hospital Life*, pp. 9 - 11.

观。不过，这两种过去观之间的根本对立在任何地方都不如在我们叙述地球上的生命史的方式中来得更加鲜明。

35

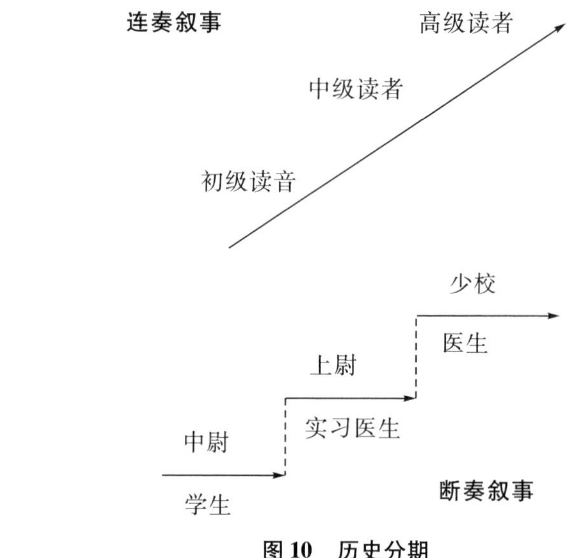

图 10　历史分期

从本质上说，渐进式古生物叙事①是通常所谓“存在巨链”的自然充实性这一经典意象的一种时间化形式。② 达尔文的生物进化论即为此种叙事之一例，该理论不认为自然中存在任何“飞跃”，基本上将物种想象为以短小而缓慢的步

① Niles Eldredge and Stephen J. Gould, "Punctuated Equilibria: An Alternative to Phyletic Gradualism," in *Models in Paleobiology*, edited by Thomas J. Schopf (San Francisco: Freeman, Cooper, & Co., 1972), p. 97; Gribbin and Cherfas, *The Monkey Puzzle*, p. 56; Bowler, *The Invention of Progress*, pp. 147 – 148; Gamble, *Timewalkers*, p. 76.

② Arthur O. Lovejoy, *The Great Chain of Being: A Study of the History of an Idea* (Cambridge, Mass.: Harvard University Press, 1936), pp. 242 – 287.

伐产生突变。[①] 可见，进化乃是一个渐进过程，其中贯穿着一条完美分级的中间形态链，从一种形态几乎不知不觉地进化至另一种形态，并无鲜明的界限可言。[②] 因此，物种间的任何断裂都只是一种因化石记录不完美而导致的幻象。倘若化石记录完美无缺，每个潜在的过渡性“缺失环节”将前后相继的物种连结起来，便会形成一个具有细微分级的化石序列，从而让我们真正看到生物进化的连续本质。[③]

与此不同的是，断奏式古生物叙事则由离散的历史桥段组成，这些桥段被标志着突兀变化的明显断裂区隔开来。乔治·居维叶、路易·阿加西所持的灾变历史观都是这种叙事的绝佳例子，他们都认为历史从根本上说是被气候剧变中断的。而尼尔斯·艾崔奇、斯蒂芬·杰伊·古尔德所主张的间断均衡情景也同样如此，该情景表现为快速物种化的桥段，牵涉物种间急遽而突兀的断裂。[④] 因此，物种被想象为各自占据离散的历史生态位，化石记录中的断裂从根本上反映了它们之间实际的生物鸿沟。在这种叙事中，“缺失环节”显

---

① Darwin, *The Origin of Species*, p. 435. 也可参见 Richard Dawkins, *River out of Eden: A Darwinian View of Life* (New York: Basic Books, 1995), pp. 83 - 84.

② Eldredge and Gould, "Punctuated Equilibria," p. 89; Dawkins, *River out of Eden*, p. 93.

③ Eldredge and Gould, "Punctuated Equilibria," p. 87; Bowler, *Life's Splendid Drama*, p. 353. 也可参见 Lovejoy, *The Great Chain of Being*, pp. 231 - 236.

④ Eldredge and Gould, "Punctuated Equilibria," pp. 84, 96, 98; Stephen J. Gould, *The Structure of Evolutionary Theory* (Cambridge, Mass.: Harvard University Press, 2002), pp. 745 - 1024.

然毫无立锥之地。①

36 这些总体变化观中的每一种都代表了一种特定的记忆传统，该传统又往往与特定的共同体联系在一起。举例而言，不同世代的生物学家都是其职业社会化之一部分，他们最终都将过去想象为完全不同的记忆共同体之成员。在继达尔文之后的一个多世纪里，渐进主义都是叙述生命史的主导方式。尽管如此，在过去 25 年中，间断均衡理论已成为一种公认的叙述生命史的方式。

在接下来两章中，我们会看到，“连奏”叙事对于想建立历史连续性的任何努力当然都是不可或缺的。而在最后两章中，我们则会看到，“断奏”叙事会不可避免地成为任何想引入某种历史断裂性的举动之核心所在。当我们试图在脑海中组织过去时，我们显然都需要并且事实上也经常会采用这两种叙事。

---

① John Reader, *Missing Links: The Hunt for Earliest Man* (Boston: Little, Brown, & Co., 1981), p. 204; Gamble, *Timewalkers*, p. 76.

第 2 章　历史连续性 37

并非每个历史叙事都必然以变化作为前提。许多历史叙事从根本上给人一种“太阳底下无新事”的总体感觉，它们事实上将现在视作过去之延续。① 于是，现在实际上并非取代过去②，二者都被看作一个有机整体的组成部分。

尽管存在过去时态与现在时态的传统语法之分，然而过去与现在却并非泾渭分明的实体。那种认为我们可以先确定一个点，然后以此前为“夕”、此后为“今”的想法，乃是一种幻象。那种认为我们可以毫不含糊地确定必须经过多少年以后，才能在历史教科书或者“历史”博物馆中真正地表现某物的想法，亦同样如此。

---

① 也可参见 Agnes Hankiss, “Ontologies of the Self: On the Mythological Rearranging of One's Life-History,” in *Biography and Society: The Life History Approach in the Social Sciences*, edited by Daniel Bertaux (Beverly Hills, Calif.: Sage, 1981) pp. 205, 208 - 209.

② 也可参见 József Böröcz, “Sticky Features: Narrating a Single Direction” (paper presented at the “Beginnings and Endings” seminar, Center for the Critical Analysis of Contemporary Culture, Rutgers University, New Brunswick, N. J., September 1999).

我们据以组织饮食、人际礼仪、个人卫生的方式基本上都是习惯模式，这些模式作为社会传统之一部分而不断地延续下去。[①] 类似地，我们依旧在使用14世纪左右的词汇，我们的科学家也通常基于过去的研究而提出正式的预期（即假设），以构架其当前的研究议程。从判例在普通法中无所不在可见，现在主要是过往陈迹的一种层累拼贴；这些陈迹是经由地质沉积过程的文化等价物不断沉积而成。[②]

社会关系也是历史镶嵌性的。一个明证就是，一个个罗密欧·蒙泰古与朱丽叶·凯普莱特们都想使当前的（更别
38 说潜在的）关系从无所不在的祖辈过去的桎梏中解放出来，但似乎都会遭遇重重困难，由此便证实了卡尔·马克思的观察："已故一切世代的传统犹如梦魇一般，压在生者的脑海当中。"[③] 在纪念1944年反抗纳粹占领的华沙起义50周年之际，德国总统罗曼·赫尔佐克格提醒波兰人："如今能使我们产生分裂的，唯有历史。"[④] 不过，要擦除这种裂隙并非易事。举个例子，一名爱尔兰裔美国评论员打算入住一家酒店，这家酒店以至今仍被爱尔兰民族主义者深恶痛绝的奥

① 也可参见 Herbert Spencer, *Principles of Sociology* (Hamden, Conn.: Archon, 1969 [1876]), pp. 444 – 447（页码引自重印版）；George Kubler, *The Shape of Time* (New Haven, Conn.: Yale University Press, 1962), pp. 56, 72；Edward Shils, *Tradition* (Chicago: University of Chicago Press, 1981), pp. 34 – 54.

② 也可参见 Alfred Schutz, "Phenomenology and the Social Sciences," in *Collected Papers*, vol. 1: *The Problem of Social Reality* (The Hague: Martinus Nijhoff, 1973), p. 136.

③ Karl Marx, "The Eighteenth Brumaire of Louis Bonaparte," in *The Marx-Engels Reader*, 2d ed., edited by Robert C. Tucker (New York: W. W. Norton, 1978), p. 595.

④ *New York Times*, 2 August 1994, International section, sec. A, p. 2.

利弗·克伦威尔的名字命名，因此她受到了母亲的责难。她敏锐地发现："在爱尔兰人的时间里，1651年与1981年之间相隔不过须臾！"[①] 又如，美洲原住民激进分子企图锯掉胡安·德·奥纳特铜像的双脚，因为这位残暴的西班牙征服者曾于1599年砍掉了那些抵抗其征服新墨西哥的人的双脚，而奥纳特纪念碑暨游客中心的主任则恳求道："让我稍息片刻吧！那都是四百年前的事了。怀恨在心可以，但要怀恨四百年吗？"[②]

有鉴于此，对当前局势的历史背景视而不见就有点像是生活于一个二维的平面国当中。[③] 而将这种局势当作仿佛没有过去来对待，则好比医生对患者的家族病史不闻不问。这就将人们置于一种孩童般的境地：他才刚开始学看报纸，对于所阅读的故事中那心照不宣的历史背景尚不熟悉，以至于他几乎不可能透彻地理解它们。因此，对于时事与其历史背景之间的这种准健忘症式的割裂，无异于将一部电影裁剪为一张张看似互不相干的剧照。

前囚犯在刑满释放后很难找得到工作，而前修女往往会打扮得格外入时，以免给人傻白甜的感觉。[④] 由这些例子可

---

① Maureen Dowd, "Center Holding," *New York Times*, 20 May 1998, sec. A, p. 23.

② James Brooke, "Conquistador Statue Stirs Hispanic Pride and Indian Rage," *New York Times*, 9 February 1998, sec. A, p. 10.

③ 参见 Edwin A. Abbott, *Flatland: A Romance of Many Dimensions* (New York: Dover, 1992).

④ Helen R. F. Ebaugh, *Becoming an Ex: The Process of Role Exit* (Chicago: University of Chicago Press, 1988), pp. 156, 162. 也可参见 pp. 173－180.

见，过去也被视作当前身份的一个有机组成部分。这可以解释我们为什么会经常因为移民、切除子宫、丧偶等与过去相撕裂的剧烈变化而遭遇身份危机。

如今，过去与现在之间的连续性已被社会与技术变革的巨大加速破坏[①]，也被以即用即弃、计划性淘汰为基础的现代经济的崛起[②]破坏，并由此引发了一种保护这种连续性的守旧冲动，也引发了一种对于任何可能危及我们身份的变化
39 的强烈反感。这些反应既体现于传统主义者（如阿米什人）为保护原有生活方式而付出的种种努力当中，也体现于高中年鉴、老式广播电台，以及无数其他的怀旧表达当中。[③]

可以预见的是，我们会格外怀念过去那些看似最无可挽回的东西。每当翻阅 20 世纪 50 年代的纪念品时[④]，旧火柴盒、口香糖纸、杂志封面都令我的那颗童心怦然而动。在剧变时期，我们也同样会经历怀旧。一旦我们离家去上大学，便往往会从情感上与自己的童年物品重修旧好；而一旦我们退休，则会猛然之间对逝去的青春韶华怀念不已。[⑤]

---

① Alvin Toffler, *Future Shock* (New York: Random House, 1970).

② Vance Packard, *The Waste Makers* (New York: David McKay, 1960).

③ Fred Davis, *Yearning for Yesterday: A Sociology of Nostalgia* (New York: Free Press, 1979); David Lowenthal, *The Past Is a Foreign Country* (Cambridge: Cambridge University Press, 1985), pp. 4 - 13, 114 - 117; Christopher Lasch, *The True and Only Heaven: Progress and Its Critics* (New York: W. W. Norton, 1991).

④ Amnon Dankner and David Tartakover, *Where We Were and What We Did: An Israeli Lexicon of the Fifties and the Sixties* (in Hebrew) (Jerusalem: Keter, 1996).

⑤ Davis, *Yearning for Yesterday*, pp. 56 - 71; Ira Silver, "Role Transitions, Objects, and Identity," *Symbolic Interaction* 19, no. 1 (1996): 1 - 20.

随着人们对20世纪60年代以来周遭巨大社会变革的幅度有了全面了解，怀旧浪潮便于20世纪70年代后期开始席卷美国[①]，可见这种情感反应无论对于群体还是个体都适用。每当一个群体经历了剧烈的政治、文化或经济衰退，对昨日的向往之情便油然而生。19世纪阿拉伯历史学家的感伤渴望即为一例，他们目睹了从欧洲殖民扩张首开其端、奥斯曼帝国走向衰落，再到中世纪伊斯兰西班牙的昔日辉煌的整个过程。[②]

怀旧企图通过与自我中较旧的层面重建连结以抵达某个消逝已久的过去，并由此不可避免地提出了一个在面对不断变化时如何切实维系身份的哲学问题。我们当然不能将这种维系视作既定之物。毕竟，在我身上，已没有哪个细胞仍是40年前的那个细胞，而在构成“法兰西民族”的当前成员之中，谁也不曾生活于法国大革命时期。事实上，杰弗里·乔叟极有可能会对现今美国青少年之间的交谈感到莫名其妙，但我们依然将“英语”视作一个在过去6个世纪中一直得以维系的实体。同样，我们也将意大利国家足球队、哈佛大学心理学系视作本质上未曾间断的实体，尽管其成员身份显然一直都在不断发生变化。[③]

---

① Davis, *Yearning for Yesterday*, pp. 104 - 8. 也可参见 pp. 101 - 104.

② Bernard Lewis, *History: Remembered, Recovered, Invented* (Princeton, N. J.: Princeton University Press, 1975), pp. 71 - 76.

③ 参见 Georg Simmel, "The Persistence of Social Groups," *American Journal of Sociology* 3 (1897 - 98): 662 - 698.

尽管我们将一种语言（或一个社会群体）在 14 世纪与 21 世纪的两个不同版本视作同一种语言（或同一个社会群体），但我们应该如何切实地应对两者并不真正毗邻这一事
40 实呢？我们如何想方设法在几乎不相毗邻的不同时点之间建立起历史连续性，并由此将一组完全断开又“前后接续的知觉”[①] 从根本上转变为一个看似既连贯又恒定的身份呢？

正如我们将会看到的那样，这种看似不言而喻的恒定只不过是一种我们脑力的臆造之物。[②] 大卫·休谟精辟地指出，恒定并非真的是对象本身的特质，而是我们对于它们的知觉方式之特质。[③] 因此，连续的身份乃是从心理上将原本断开的时点整合为一个看似单一历史整体之产物。更具体而言，是我们的记忆令这种心理整合得以可能，我们才由此建立起了一种连续性的记忆幻象。[④] 阿尔茨海默病以及其他形式的记忆丧失的受害者已经令人痛苦地表明，若缺乏基本的“黏连”记忆行为，想要维系一种连续身份则几无可能。

当我们利用各种记忆策略以帮助自己制造历史连续性幻象时，通常都会牵涉某种心理搭桥。桥作为一种整合非毗邻空间的原型促进物[⑤]，完美地隐喻了我们的一种记忆努力：

---

① David Hume, *A Treatise of Human Nature* (London: J. M. Dent, 1977), bk. 1, pt. 4, sec. 6, p. 240.

② 也可参见 Sigmund Freud, *Civilization and Its Discontents* (New York: W. W. Norton, 1962), pp. 15 - 19.

③ Hume, *A Treatise of Human Nature*, bk. 1, pt. 4, sec. 6, pp. 245, 248.

④ Ibid., pp. 246 - 247.

⑤ Georg Simmel, "Bridge and Door," *Theory, Culture & Society 11* (1994): 5 - 10.

将我们自以为“相同”的实体（如人、组织、国家）在非毗邻时点上的某些表现物整合到一起。正如我们借助于惯用的“黏连”告别套话（例如英语中的“稍后见”，及其许多跨文化的功能表亲，像意大利语中的“回头见”或德语中的“再见”）[①]，以力图“弥合”现在与将来之间的历史鸿沟一样，我们也会运用各种心理搭桥技巧，以制造一种“连接性历史组织”[②]，从而帮助我们填补过去与现在之间的任何历史鸿沟。

这些搭桥技巧通常都会涉及通过某种心理编辑以制造一种准毗邻幻象，从而有助于抵消历史上非毗邻点之间实际的时间差。与我们做文字处理时的粘贴一样，这种编辑宛如电影蒙太奇，将一组截然分离的镜头粘贴到一块，以形成一部单一的、看似丝丝入扣的影片。[③] 我们从图11中可以看到，这种记忆粘贴有助于我们从心理上将一组非毗邻时点，转变为一个看似未被中断的历史连续统。

---

① Eviatar Zerubavel, *Patterns of Time in Hospital Life: A Sociological Perspective* (Chicago: University of Chicago Press, 1979), pp. 39–40, 136.

② Kubler, *The Shape of Time*, p. 47.

③ Béla Balázs, *Theory of the Film: Character and Growth of a New Art* (New York: Dover, 1970), pp. 118ff.

41

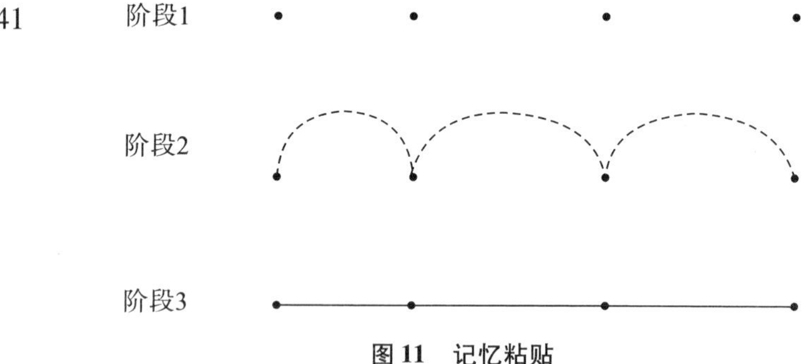

图 11　记忆粘贴

一、同一地方

尽管事实上记忆搭桥基本上是一种心理行为，然而我们却往往试图使之根植于某种有形的现实当中。其实，要弥合历史上非毗邻点之间的鸿沟，其中一个最有效的办法就是构筑起一种使之几乎可以实实在在彼此触碰的连结性。

地方的恒定性便是构筑一种有强烈相同感的强大基础。哪怕我们自身在个体与集体的双重意义上都经历了剧变，但我们的周遭物理环境通常仍然相对稳定。于是，它们便构成了一个可靠的记忆场所，往往可以充当个人性怀旧与群体性怀旧的主要焦点。[①] 它们带给我们的某种永恒感，有助于促进一种极其令人释然的守旧幻象，即一切根本性的东西都不

① Maurice Halbwachs, *The Collective Memory* (New York: Harper Colophon, 1980), pp. 128 - 157; Melinda J. Milligan, "Interactional Past and Potential: The Social Construction of Place Attachment," *Symbolic Interaction* 21 (1998): 8 - 15.

曾真正发生改变。

这可以解释为什么民主党派会在 2000 年的洛杉矶全国代表大会上不断提醒美国人，40 年以前，他们正是在这同一个地方，提名了最终大获全胜的总统候选人约翰·F. 肯尼迪。这也彰显了在历史建筑与历史街区中为切实保护过去而付出的种种努力。[①] 不管是在斯德哥尔摩、格拉纳达，还是在蒙特利尔，对过去的“保护冲动”都是“一种对于事物的日益消逝和我们与之擦肩而过的速度之反拨”。[②] 这种对历史连续性的明显担忧也正是卡斯蒂利亚国王费迪南德三世在 1236 年征服科尔多瓦后不摧毁那座富丽堂皇的清真寺之原因——这座清真寺 450 年来一直作为摩尔建筑的辉煌缩影而存在。相反，他将其改作大教堂（尽管如此，8 个世纪后，它仍被人们叫作“大清真寺”），从而以一种极其令人瞩目的视觉方式，将西班牙的伊斯兰过去与它的基督教现在
融为一体。一幅同样勾起回忆的奇观也在等待着步入［伊 42
斯坦布尔的］圣索菲亚大教堂的人们，大教堂由查士丁尼大帝于 537 年修建，1453 年被苏丹·穆罕默德二世改作清真寺，而 5 个世纪后再次被凯末尔·阿塔图尔克总统改作国家博物馆。伊斯坦布尔的拜占庭过去、奥斯曼过去以及现代土耳其在这同一座建筑中的视觉交融构成一幅壮丽的景象，

① Kevin Lynch, *What Time Is This Place?* (Cambridge, Mass.: MIT Press, 1972), pp. 29 – 37; E. R. Chamberlin, *Preserving the Past* (London: J. M. Dent, 1979), pp. 51 – 64; Lowenthal, *The Past Is a Foreign Country*, pp. 275 – 278, 384 – 406.

② Lowenthal, *The Past Is a Foreign Country*, p. 399.

更不用说它也是一个记忆转变的著例了。

地方的恒定性也让我们几乎可以“看见”那些曾经置身于我们当前所处空间中的人们。[①] 当我们在庞贝看见一座保存完好的房子中空空如也的厨房时，便可尽情地想象当19个世纪前维苏威火山爆发时在此忙忙碌碌的一家子，从而令我们能对他们真正地感同身受。漫步于一座古城的街道上，我们可以“触及过往世代”：追随其脚步，观看“他们曾经看过的风景”。[②] 当我们驻足于威尼斯马可波罗旧居外面，观看750年前他透过窗户所瞧见的事物，一种无边的幽闭恐惧之感油然而生，而作为对扩张中世纪欧洲的地理视野最心怀使命的他当年一定也曾有此感受。“今昔”式的心理时间旅行著作的作者们往往会利用这种感同身受，将其想象中的古代场景作为一层透明膜，覆盖在当今周遭环境中真实的历史废墟照片之上。[③] 这也可以解释为什么据说两个多世纪前乔治·华盛顿曾在此住过一宿的旧客栈会拥有巨大的旅游吸引力。

事实上，地方在身份认同修辞中扮演着重要角色。举例而言，无论朝圣牵涉的是虔诚的穆斯林前往麦加朝觐、爱国的美国人前往费城观瞻自由钟，抑或罗曼蒂克的情侣到初次

---

① Samuel C. Heilman, *A Walker in Jerusalem* (New York: Summit Books, 1986), pp. 77 - 111.

② Ibid., pp. 80, 85, 89.

③ 参见，例如 Stefania Perring and Dominic Perring, *Then and Now* (New York: Macmillan, 1991); Giuseppe Gangi, Rome Then and Now (Rome: G & G Editrice, n. d.).

约会之处故地重游，都是专门为了让记忆共同体与其集体过去发生更加亲密的“接触”。地方的这个唤起记忆的面向亦同样彰显了废墟在巩固这种联系中的作用。[①] 因是之故，在1999年俄罗斯轰炸车臣地区期间，车臣人感到极有必要保护许多世纪以来一直都在帮助他们与祖先“连结在一起”的古石塔。[②] 地方的这一唤起面向还可以解释马萨达的考古发掘对于现代以色列民族主义的巨大意义。[③] 让年轻士兵到马萨达的山顶宣誓，当然有助于以色列认领19个世纪以前倒在这里的古代犹太武士们留下的遗产。[④] 正是出于对历史连续性的类似担忧，1971年伊朗国王才会在波斯波利斯古城的废墟上举行波斯帝国成立2500周年的公祭活动。[⑤] 43

地方与身份认同之间的关系显然带有本质主义的味道。因此，对早期的埃及民族主义者而言，古代与现代的埃及人

---

① Shils, *Tradition*, pp. 69 – 71; Neil A. Silberman, *Between Past and Present: Archaeology, Ideology, and Nationalism in the Modern Middle East* (New York: Henry Holt, 1989).

② *New York Times*, 12 December 1999, International section, p. 28.

③ Chamberlin, *Preserving the Past*, pp. 11 – 18; Silberman, *Between Past and Present*, pp. 87 – 101; Yael Zerubavel, *Recovered Roots: Collective Memory and the Making of Israeli National Tradition* (Chicago: University of Chicago Press, 1995), pp. 64 – 68, 129 – 133; Nachman Ben-Yehuda, *The Masada Myth: Collective Memory and Mythmaking in Israel* (Madison: University of Wisconsin Press, 1995). 也可参见 Y. Zerubavel, Recovered Roots, pp. 56 – 59, 185 – 189.

④ Y. Zerubavel, *Recovered Roots*, pp. 130 – 131. 也可参见 pp. 127 – 129, 135.

⑤ B. Lewis, *History*, pp. 101 – 102; Chamberlin, *Preserving the Past*, pp. 18 – 27.

都“**无可避免地**受到了相同的……影响”[①]，他们都生活于尼罗河流域。同样，地理与国族之间高度浪漫化的“自然”联系也凸显了锡安对于现代政治运动的特殊意义，而这场运动的整个公共身份基本上源自其名称。对犹太复国主义来说，巴勒斯坦的物理景观实实在在地弥合了横亘于古代居民与现代居民之间的1800年历史鸿沟。[②] 这正是为什么西岸（即“犹大－撒马利亚区”）的现代极端民族主义的犹太定居者会如此强烈地依恋其定居点。正如一位希伯仑古城的定居者所解释的：

> 在这里，你会感到一种如此深厚之**连结**。在这座山上，矗立着大卫王宫。在这里，**就是在这里**，上帝向亚伯拉罕应许了以色列土地。……你不妨这样自我想象一下：**我就在亚伯拉罕曾经日日晨起之地进入梦乡！**……有哪个犹太人不想**与亚伯拉罕比邻而居**？[③]

① Israel Gershoni and James P. Jankowski, *Egypt, Islam, and the Arabs: The Search for Egyptian Nationhood*, 1900 – 1930 (New York: Oxford University Press, 1986), p. 147.

② Y. Zerubavel, *Recovered Roots*, pp. 120 – 121; Yael Zerubavel, "The Forest as a National Icon: Literature, Politics, and the Archeology of Memory," *Israel Studies* 1 (1996): 60 – 99.

③ Daniel Ben-Simon, "A Secure Step in a Sealed City" (in Hebrew), *Ha'aretz*, 28 August 1998, p. 14.

二、文物与纪念品

不过，记忆的“连结性”并不是非得依赖地方的恒定性不可。毕竟，即使是严格物理性的记忆桥梁也可以与真实的地方相脱钩，譬如各种纪念品即是如此。尽管事实上这些便携式文物不受某一特定地点的限制，但其货真价实的物质本性却有助于提供某种物理连续性，而这正是它们几乎都会被排他性地——正如其词源所揭示的那样——用作存储记忆之原因。正如婴儿利用填充动物、安全毯及其他“过渡物”以作为非常有效的存在之桥[1]，文物也基本上可以让我们活在当下的同时，从字面上与过去长相“厮守”。

此外，文物不受某一特定地点的限制，这一事实当然会让我们对这种“提醒物”的利用方式更加灵活自如。举例而言，不同于老街区，文物的便携性质意味着它们可以帮助我们回忆过往事件，却又不必亲临事件的实际发生之地。此时此刻，躺在新泽西州家里后院的吊床上，就勾起了我栩栩如生的记忆：15 年前，我在长岛老家后院里，怀抱儿子，躺在同一张吊床上。正如远方恋人的一封书信或者一绺头发
一样，此类物件甚至可以使我们从记忆上抵达如今已无法再 44
具身触及的人或地方。为此，圣经卷轴对于整个历史上流亡

① D. W. Winnicott, “Transitional Objects and Transitional Phenomena,” in *Playing and Reality* (London: Tavistock, 1971), pp. 1 – 25.

的犹太共同体而言，便极其重要；当我们离家去上大学时，与家相关的纪念物作为连结昨日之我与今日之我的有形纽带，也同样具有特殊意义。[1]

鉴于纪念品的这种记忆桥梁角色，我们往往会舍不得扔掉旧衣服，也会悉心珍藏某些礼物，它们虽不值几何，却是由曾经在我们生活中占有一席特殊之地的人所馈赠。当我们终其一生不断搬来搬去，随身携带的各种纪念品会让我们更加容易维系昨日之我与今日之我的连续性。对于战争难民以及地震、洪水、飓风的幸存者而言，他们因无法再与过往的个人财物长相厮守，故而其心理康复便格外艰难。[2]

与废墟和历史建筑一样，文物和纪念品也带给我们一种与过去栩栩如生的准有形接触。我曾有幸在大英博物馆里见过一本 1455 年谷登堡圣经的原件，也曾有幸在伊斯坦布尔的托普卡帕宫博物馆里驻足于一双据说 14 个世纪前穆罕默德穿过的凉鞋前，我对于当时那种心潮澎湃的感觉至今仍记忆犹新。1996 年，穆拉·奥马尔在坎大哈一座清真寺顶上，向其追随者出示了一件据说当年先知戴过的旧斗篷，这一事实帮助塔利班在阿富汗发动了一场高度传统主义的伊斯兰革命。[3] 一旦我们理解了这种与过去的“有形”接触，便可以

---

① Silver, "Role Transitions, Objects, and Identity."

② 也可参见 Kai T. Erikson, *Everything in Its Path: Destruction of Community in the Buffalo* Creek Flood (New York: Simon and Schuster, 1976), pp. 174 - 177.

③ Norimitsu Onishi, "A Tale of the Mullah and Muhammad's Amazing Cloak," *New York Times*, 19 December 2001, sec. B, p. 3.

解释我们对于圣阶（罗马的一段楼梯，据传由当年耶稣被带去本丢·彼拉多跟前时爬过的真实台阶做成）和都灵裹尸布的那份巨大迷恋[1]，更别提传说中的圣杯了。这也可以解释我们为什么会保存剪贴簿，也可以解释博物馆对于促进民族主义的重要作用。[2]

确切地说，正是由于文物的记忆唤起功能，亚伯拉罕·林肯遇刺当晚剧院包厢内的美国国旗等文物才会显得如此珍贵。[3] 要不然，怎么会有人竟不惜重金购买一辆 1957 年款的凯迪拉克或一台半坏不坏的手动打字机呢？唯有它们在与过去的情感连结中扮演的角色，才能使这种古董对于我们弥足珍贵。[4]

人们但凡有过被要求摆个拍照姿势或在留言簿上签名的经历，就都很清楚，我们并不只是纪念品的被动消费者。我们制造牌匾、奖章、获奖证书以及其他纯纪念性的物件，由这些例子可见，我们往往早早地就开始积极地设计这种未来 45
的记忆之所了！正如学校年鉴一样（如今的课堂照片有时

---

① Ian Wilson, *The Shroud of Turin: The Burial Cloth of Jesus Christ*? (Garden City, N. Y. : Doubleday, 1978).

② Eric Davis, "The Museum and the Politics of Social Control in Modern Iraq," in *Commemorations: The Politics of National Identity*, edited by John R. Gillis (Princeton, N. J. : Princeton University Press, 1994), pp. 90 – 104; Tamar Katriel, *Performing the Past: A Study of Israeli Settlement Museums* (Mahwah, N. J. : Lawrence Erlbaum Associates, 1997).

③ Paul Zielbauer, "Found in Clutter, a Relic of Lincoln's Death," *New York Times*, 5 July 2001, sec. A, p. 1 – sec. B, p. 5.

④ Shils, *Tradition*, pp. 71 – 74.

在学年真正开始前早就拍摄好了），这种“前废墟”[①] 的巨大价值在于它们具有强烈的记忆唤起性，并由此可成为一座座准有形的桥梁，通往未来的过去。

三、模仿与复刻

除了试图接近过去与现在之间真正的物理接触，我们也试图炮制过去的各种符像性表征，它们与过去至少很**相似**。[②] 举例来说，不妨想想巴比伦尼布甲尼撒国王纪念建筑的复制品，它是大约 2600 年后由伊拉克总统萨达姆·侯赛因所修建的。[③] 在这点上，也可以再想想 19 世纪的新古典主义实验[④]，或者美国一些大学通过新哥特式建筑以展现一种“古老”外观的种种举动。

我们竭力透过雕像和肖像所捕捉的形象与它们旨在唤起的真实人物之间的物理相似性也代表着类似的举动，即以某种方式弥补今昔之间缺乏真正的物理接触。这种符像式的连结性更是格外鲜明地体现于我们竭力透过照片（更别提视

---

① Eviatar Zerubavel, *Social Mindscapes: An Invitation to Cognitive Sociology* (Cambridge, Mass. : Harvard University Press, 1997), p. 94.

② Charles S. Peirce, *Collected Papers of Charles Sanders Peirce* (Cambridge, Mass. : Harvard University Press, 1962), 2: 157 – 60; E. Zerubavel, *Social Mindscapes*, pp. 70 – 71, 137.

③ John F. Burns, "New Babylon Is Stalled by a Modern Upheaval," *New York Times*, 11 October 1990, International section, p. A13.

④ 也可参见 Shils, *Tradition*, p. 79; Lowenthal, *The Past Is a Foreign Country*, pp. 309 – 319.

频或电影）捕捉到的栩栩如生的人物形象当中。[①]

我们企图**模仿**并由此“复刻”过去的举动也透过我们的外表与行为而流露出来。事实上，在我们所谓的“传统”中，大多是各种各样仪式化的努力，为的是经由模仿而更加充分地融入我们的集体过去。在宗教仪式、法庭礼仪、议会程序、军事演习、民间舞蹈、民族美食中，都鲜明地体现着对许多古老行为模式的留存。这也可以解释国王、教皇、毕业班、国家足球队那明显传统主义的礼服。

在这点上，更加令人瞩目的是历史**复兴**，诸如意大利的法西斯主义者恢复古罗马的敬礼、希伯来语在现代以色列卷土重来并成为日常语言以及各种各样“发明的传统”。[②] 这种复兴炮制出看似古老的新传统（譬如宽扎节，它根本就是一个于 20 世纪 60 年代才在加利福尼亚发明出来的伪非洲节日）[③]，旨在创造一种古已有之的历史连续性幻象。然而，
从两个世纪前苏格兰高地“传统”的发明[④]、美国黑人民族 46

---

① Stephen Kern, *The Culture of Time and Space* 1880 – 1918 (Cambridge, Mass.: Harvard University Press, 1983), p. 39; Lowenthal, *The Past Is a Foreign Country*, pp. 257 – 258, 367 – 368.

② Eric J. Hobsbawm, "Introduction: Inventing Traditions," in *The Invention of Tradition*, edited by Eric J. Hobsbawm and Terence Ranger (Cambridge: Cambridge University Press, 1983), pp. 1 – 14.

③ Helene Henderson and Sue Ellen Thompson, eds., *Holidays, Festivals, and Celebrations of the World Dictionary*, 2d ed. (Detroit: Omnigraphics Inc., 1997), p. 230.

④ Hugh Trevor-Roper, "The Invention of Tradition: The Highland Tradition of Scotland," in *The Invention of Tradition*, edited by Eric J. Hobsbawm and Terence Ranger (Cambridge: Cambridge University Press, 1983), pp. 15 – 41.

主义者晚近重拾传统的非洲姓名与服饰等例子中可见，这种连续性只不过是我们头脑中的臆想之物。

模仿意味着重复[①]，从而有助于制造一种真正**复刻**之幻象。通过穿我们的祖先曾穿过的类似服装、吃他们曾吃过的“相同”食物，我们试图象征性地重温其生活。这种“重温”过去的模仿举动格外鲜明地体现在牵涉真实**重演**的仪典中。举例而言，相对于1965年从塞尔玛到蒙哥马利的民权游行而言，1995年的事件亦步亦趋地“再次追随其脚步”。但这一次，忏悔的亚拉巴马州前州长乔治·华莱士却唱着《我们终将得胜》的歌曲。[②]大家在这种场合下都身着年代装，这有助于保持一种今昔交融的幻象。这种**准同步性**进一步透过地方的恒定性而得以强化。例如，在殖民地威廉斯堡博物馆以及其他“活历史”博物馆中，半真实的导游会采用现在时态来跟观众畅聊18世纪！如今，这种准同步性也可通过数字化而炮制出来。1991年，纳塔莉·科尔灌制的《难忘》唱片即为一例，其中，她与已故四分之一个世纪的父亲纳·京·科尔“共同”演唱。[③]

---

① 也可参见 Kubler, *The Shape of Time*, pp. 73 – 74；Hobsbawm, “Introduction: Inventing Traditions,” p. 4；Paul Connerton, *How Societies Remember* (Cambridge: Cambridge University Press, 1989), pp. 45, 65 – 67.

② Rick Bragg, “Emotional March Gains a Repentant Wallace,” *New York Times*, 11 March 1995, sec. A, pp. 1, 9.

③ Karen A. Cerulo and Janet M. Ruane, “Death Comes Alive: Technology and the Reconception of Death,” *Science as Culture* 6 (1997): 453 – 458. 也可参见 Alfred Schutz, “Making Music Together: A Study in Social Relationship,” in *Collected Papers*, vol. 2: *Studies in Social Theory* (The Hague: Martinus Nijhoff, 1964), pp. 172 – 175.

四、“同一”时间

历史往往会在圣诞节、感恩节[①]以及其他节日重演。我是在以色列长大的，对于逾越节“带上我的所有家当出走埃及”和七七节“向耶路撒冷的古代神庙敬奉我刚成熟的水果”的童年记忆栩栩如生。事实上，**与过去的周期性交融**乃是一年一度（如生日、节日）以及其他（如银婚、高中同学会、200 年）周年纪念活动之精髓。[②] 当同步性与地方的恒定性相结合时，这种交融便会更加勾起人们的回忆。举例来说，纳粹德国每年在“同一”天（11 月 9 日）、同一地点“重演”1923 年的慕尼黑啤酒厅政变[③]，而以色列每年 11 月 4 日也会在 1995 年总理伊扎克 · 拉宾遇刺之处举行和平集会。[④]

---

① Pam Belluck, "Pilgrims Wear Different Hats in Recast Thanksgiving Tales," *New York Times*, 23 November 1995, sec. A, p. 1; sec. B, p. 7.

② Thomas R. Forrest, " Disaster Anniversary: A Social Reconstruction of Time," *Sociological Inquiry* 63 (1993): 444 – 456; Lyn Spillman, *Nation and Commemoration: Creating National Identities in the United States and Australia* (Cambridge: Cambridge University Press, 1997); Vered Vinitzky-Seroussi, *After Pomp and Circumstance: High School Reunion as an Autobiographical Occasion* (Chicago: University of Chicago Press, 1998).

③ Connerton, *How Societies Remember*, pp. 42 – 43.

④ Vered Vinitzky-Seroussi, " Commemorating a Difficult Past: Yitzhak Rabin's Memorials," *American Sociological Review* 67 (2002): 30 – 51. 也可参见 Y. Zerubavel, Recovered Roots, pp. 143 – 144.

47 日历的主要功能之一在于借由纪念节日建立**年度周期**，以巩固这种与过去的定期交融。[①] 在帮助确保我们定期“重访”集体过去的同时，日历也对我们的记忆社会化起着重要作用。举例而言，美国人在从学校课堂上正式了解英国对本国的殖民统治之前，早已通过一年一度的感恩节纪念活动，对17世纪定居新英格兰的朝圣者有所了解。[②] 虽然我们很难把数千年历史都压缩在一个365天的节日周期当中，但我们仍试图将线性与循环的时间观相结合，以期在一定程度上使我们的年度节日与其想唤起记忆的历史事件“同步化”。为此，当犹太人在光明节为上帝“**当年此时**”所表演的奇迹祈福时，他们同时将此节日与历史上的特定时间（公元前165年的马卡比起义）、一年中的特定时间（基斯列夫月末）勾连在一起。[③] 这种**今昔**之象征性**同步**折射出了我们意欲消除二者间差别的保守冲动。

“圣日”大多与一个群体历史上的某些日子象征性地联系在一起，并由此在日历上“同步化”：马耳他的胜利日与1565年9月8日奥斯曼帝国解除为期四个月的围困相联系并同步，新西兰的怀唐伊日与1840年2月6日岛上毛利人

---

① Eviatar Zerubavel, “Calendars and History: A Comparative Study of the Social Organi-zation of National Memory,” in *States of Memory: Conflicts, Continuities, and Transformations in National Commemoration*, edited by Jeffrey K. Olick (Durham, N. C.: Duke University Press, in press). 也可参见 Mircea Eliade, *The Sacred and the Profane: The Nature of Religion* (New York: Harcourt, Brace & World, 1959), pp. 68 - 113.

② 也可参见 Y. Zerubavel, *Recovered Roots*, p. 217.

③ Eviatar Zerubavel, *The Seven-Day Circle: The History and Meaning of the Week* (New York: Free Press, 1985), p. 84.

与英国人签署的著名条约相联系并同步，哥伦比亚博亚卡战役日与 1819 年 8 月 7 日西蒙·玻利瓦尔战胜西班牙相联系并同步，不一而足。但即使是这种为了使日历时间与历史时间从字面上同步化而付出的非凡努力，跟教会那无与伦比的社会记忆成就比起来也自然相形见绌。教会的社会记忆成就表现在，从圣灰星期三到圣灵降临节的三个日历月份乃是从日历上完美复刻了公元 30 年的三个特定历史月份！[①]

不出人们所料，鉴于在历史之“昔”与日历之“今”之间存在极能勾起记忆的季节同一性，这种同步性明显带有本质主义的味道。尽管在逾越节吃“相同”的无酵面包有助于当今犹太人对 3000 年前从埃及出来的古代以色列人感同身受，然而它每年都跟“出埃及记”发生在同一时间的这个事实，却是为了要使两者间的联系显得更加“自然而然”。

但对于周年纪念而言，根本不存在什么自然而然的东西可言。举例来说，危地马拉人和印度尼西亚人基本上分别采用 260 天和 210 天的节日周期[②]，他们显然都未将其传统的“相同”时间观与季节相联系。2001 年 12 月 11 日，在袭击 48
世贸中心的“9·11 事件”3 个月之际，便举办了各种纪念活动。这同样也在提醒我们，唯有社会惯例，才能将生日及

① 也可参见 W. Lloyd Warner, *The Family of God* (New Haven, Conn.: Yale University Press, 1961), pp. 345 - 362.

② E. Zerubavel, *The Seven-Day Circle*, pp. 51 - 54, 56 - 58.

其他节日与一年一度的地球围绕太阳公转联系在一起。[①]

在充分认识到周年纪念的记忆作用之后，我们往往会将特别的事件放在特别的日期，而这些日期已然充满历史意义。举例而言，墨西哥的1917年宪法跟1857年宪法“同日”（2月5日）颁布，1953年丹麦议会上议院在跟104年前标志丹麦终结绝对君主制的“同日”（6月5日）被废除，这些都绝非纯属巧合，而是刻意为之的日历巧合。萨达姆·侯赛因决定在复兴党上台的1968年“七一七”政变11周年之际出任伊拉克总统，而1989年匈牙利决定在1956年历史性的反苏起义周年纪念日（10月23日）宣布进入后共产主义共和国，在此类似的社会记忆敏觉也必然发挥了重要作用。1995年4月19日，蒂莫西·麦克维炸掉俄克拉荷马城的默拉联邦大楼，其袭击选在政府特工摧毁得克萨斯州韦科镇的大卫教派分部据点两周年这一天，显然是为了替教派复仇。

五、历史类比

上面所提及的丹麦、匈牙利、墨西哥的例子也凸显了我们的一种倾向：我们会认为过去与现在多少有点“相似”，

---

① 也可参见 E. Zerubavel, *Patterns of Time in Hospital Life*, pp. 6 – 8.

由此可通过类比将其联系在一起。[①] 譬如，当如今的我们与权威人物建立关系的方式或者我们选择性伴侣的方式不经意地“复刻”了我们早期与父母建立关系的模式时，类比就发生了。类比也往往是刻意为之的。卡米拉·帕克·鲍尔斯跟英国查尔斯王子的风流韵事闹得满城风雨，这件事的起因实际上是她告诉王子，她的曾祖母与他的高祖父曾经是一对恋人！[②]

可见，这种抬出过去来做类比的倾向并不只是律师寻求判例时才会表现出的一种特征。[③] 举例而言，当世贸中心被出其不意地摧毁之后，许多人立即拿它跟六十年前日本偷袭珍珠港相提并论，正如 1945 年的保加利亚政治局势被说成

---

① Ernest R. May, "*Lessons*" *of the Past: The Use and Misuse of History in American Foreign Policy* (New York: Oxford University Press, 1973); Richard E. Neustadt and Ernest R. May, *Thinking in Time: The Uses of History for Decision-Makers* (New York: Free Press, 1986); Yuen F. Khong, *Analogies at War: Korea, Munich, Dien Bien Phu, and the Vietnam Decisions of* 1965 (Princeton, N. J. : Princeton University Press, 1992); Keith J. Holyoak and Paul Thagard, *Mental Leaps: Analogy in Creative Thought* (Cambridge, Mass. : MIT Press, 1995), pp. 101 - 109, 155 - 165; David B. Pillemer, *Momentous Events, Vivid Memories* (Cambridge, Mass. : Harvard University Press, 1998), pp. 79 - 83. 也可参见 Peter L. Berger and Thomas Luckmann, *The Social Construction of Reality: A Treatise in the Sociology of Knowledge* (Garden City, N. Y. : Doubleday, 1966), pp. 53 - 54; Samuel C. Heilman, *The People of the Book: Drama, Fellowship, and Religion* (Chicago: University of Chicago Press, 1983), p. 187; Yael Zerubavel, "The Death of Memory and the Memory of Death: Masada and the Holocaust as Historical Metaphors," *Representations* 45 (winter 1994): 72 - 100; Y. Zerubavel, *Recovered Roots*, pp. 160 - 167.

② Warren Hoge, "Queen Breaks the Ice: Camilla's out of the Fridge," *New York Times*, 5 June 2000, sec. A, p. 4.

③ Katherine Stovel, "The Malleability of Precedent" (paper presented at the Annual Meeting of the Social Science History Association, New Orleans, 1996).

49 1917 年俄国局势的保加利亚“版本”一样①，也正如批评伊扎克·拉宾、埃胡德·巴拉克对巴勒斯坦人采取和解态度的那些人拿他们跟法国元帅亨利·贝当（另一位“后来作为政治领袖而叛国的前军事英雄”）相提并论一样。极端民族主义的以色列拉比还将巴拉克比作摩西派去打探巴勒斯坦，结果却被当地人民吓得屁滚尿流的间谍。② 与约翰·F. 肯尼迪在马来亚、菲律宾打击叛乱的“类似”行动取得成功后大受鼓舞，于是决定增加美国对南越的军事援助一样③，对于“穆斯林 15 世纪被基督教军队逐出欧洲的耻辱”④ 的屈辱记忆，始终挥之不去地影响着恐怖分子艾曼·扎瓦希里对伊斯兰教当前与西方的关系的看法。这种今昔之间明显不合时宜的心理交融也可以解释出埃及记对于 17 世纪 40 年代的英国清教徒和 18 世纪 70 年代的美国殖民者具有的巨大意义。⑤

正如将军们为大决战厉兵秣马一样，我们也往往会在面对当前的局势时从过去调用具有可比性的（或曰“类似的”

---

① May, "*Lessons*" *of the Past*, p. 28.

② Daniel Ben-Simon, "The Settlers' Nightmares" (in Hebrew), *Ha'aretz*, 23 June 2000, p. 16.

③ May, "*Lessons*" *of the Past*, pp. 97 - 99, 116; Khong, *Analogies at War*, pp. 59 - 61, 88 - 93.

④ Susan Sachs, "Bin Laden Images Mesmerize Muslims," *New York Times*, 9 October 2001, sec. B, p. 6.

⑤ Michael Walzer, *Exodus and Revolution* (New York: Basic Books, 1984), p. 39; Robert P. Hay, "George Washington: American Moses," *American Quarterly* 21 (1969): 780 - 791.

和“平行的”）局势。吸取1815年维也纳会议的“经验教训”，乃是起草1919年《凡尔赛条约》的一个有机组成部分。[①] 以这种方式动员记忆通常涉及竭力避免重蹈过去之覆辙，譬如别人曾经遭受惩罚的行为。[②] 事实上，我们经常把过去的创伤当作一种恐吓策略。举例而言，美国政府在1976年猪流感恐慌期间为了促进大规模免疫，策略性地操纵对1918年流感疫情的记忆[③]；那些在苏联入侵阿富汗之后大肆鼓吹抵制1980年莫斯科奥运会的人，也同样策略性地操纵对1936年柏林奥运会的记忆[④]；犹太人防御联盟所谓“永远不再发生”的后纳粹大屠杀修辞，更是不在话下。

对于“重蹈”过去覆辙的担忧，还体现在美国害怕在越南重蹈自己1949年在中国惨败给中国共产党的覆辙[⑤]，以及在1945年美国竭力避免自己再犯一战结束时对德国犯过的“同样”错误[⑥]。在2001年世贸中心和五角大楼遇袭后，尽管国会几乎一致表示支持总统，但参议员兼越战老兵约翰·麦凯恩却明确提出警告，不要“重蹈”1964年在北越袭击东京湾后所犯的错误。当年，东京湾袭击将美国拖入

---

① Robert Jervis, *Perception and Misperception in International Politics* (Princeton, N. J.: Princeton University Press, 1976), pp. 217, 221.

② Pillemer, *Momentous Events, Vivid Memories*, p. 82.

③ Neustadt and May, *Thinking in Time*, pp. 48 – 53.

④ Zbigniew Brzezinski, "Can Communism Compete with the Olympics?" *New York Times*, 14 July 2001, sec. A, p. 15. 也可参见 the letter to the editor in the *New York Times*, 13 July 2001, sec. A, p. 20.

⑤ May, "*Lessons*" *of the Past*, pp. 99 – 100.

⑥ Ibid., pp. 6 – 18.

50 了一场既旷日持久又获胜无望的战争。[①] 不想“重蹈”红宝石山脊事件与韦科惨案之覆辙也影响了美国执法部门的官员对1996年与反政府极端分子“蒙大拿自由人”对峙的处理方式。[②]

不妨再想想一个由英法联手的臭名昭著的举动，它们1938年在慕尼黑以近乎牺牲捷克斯洛伐克的方式，企图绥靖并由此“遏制”阿道夫·希特勒。当1945年伊朗警告美国，别让苏联在阿塞拜疆干1939年德国对捷克斯洛伐克所干的勾当时，便唤起了对这起不光彩事件的悲惨后果之记忆。[③] 五年后，当朝鲜与韩国开战时，它同样也在美国总统哈里·杜鲁门决定帮助韩国[④]以及随后提出的“多米诺骨牌理论”中发挥了重要作用，其中多米诺骨牌理论帮助塑造了美国在20世纪50—60年代的外交政策。[⑤] 当英国做出在贾迈勒·阿卜杜勒·纳赛尔1956年占领苏伊士运河以后攻打埃及的决定时，慕尼黑的“经验教训”也在其中发挥了重要作用。[⑥] 在1982和1999年，亚西尔·阿拉法特、斯洛

---

① John McCain, interview by Bob Edwards, Morning News, *National Public Radio*, 14 September 2001.

② Robin Wagner-Pacifici, *Theorizing the Standoff: Contingency in Action* (Cambridge: Cambridge University Press, 2000), p. 93

③ May, "*Lessons*" *of the Past*, p. 36.

④ Ibid., pp. 32, 52 – 53, 80 – 86; Neustadt and May, *Thinking in Time*, p. 36; Holyoak and Thagard, *Mental Leaps*, pp. 106, 156.

⑤ May, "*Lessons*" *of the Past*, p. 113; Khong, *Analogies at War*, pp. 59 – 61, 174 – 205.

⑥ Khong, *Analogies at War*, p. 5.

博丹·米洛舍维奇分别被人明确拿来跟希特勒相提并论，以此为以色列入侵黎巴嫩和北约轰炸塞尔维亚辩护。美国总统乔治·布什警告全世界不要牺牲科威特，以免“重蹈”当年令人遗憾地向德国独裁者投降之覆辙，而这也有助于他动员国际社会以支持海湾战争。[①]

跟任何其他象征一样，历史类比明显超越了其历史特殊性。因此，我们在做历史类比时，并不会觉得自己被经常横亘于过去的能指与当前相应的所指之间的巨大时间距离束缚了手脚。不过，一旦过去的能指与当前的所指之间的文化亲缘性有助于消弭这种距离，历史类比唤起记忆的力量便会更大，举例而言：1529 年的一幅画用公元前 333 年被亚历山大大帝击败的波斯军队来讽喻地表征当年奥斯曼军队围攻维也纳[②]，秘鲁总统亚历杭德罗·托莱多对 15 世纪印加皇帝帕查库特克的象征性认同[③]，纳粹将罗马抗击迦太基的战争说成一场雅利安人与闪米特人之间的种族冲突![④] 在这点上，同样唤起记忆的还有：1938 年谢尔盖·艾森斯坦向 1242 年力挫德国侵略俄罗斯的亚历山大·涅夫斯基王子致

---

① Ibid., p. 260; Howard Schuman and Cheryl Rieger, "Historical Analogies, Generational Effects, and Attitudes toward War," *American Sociological Review* 57 (1992): 315 – 26; Holyoak and Thagard, *Mental Leaps*, pp. 102 – 109.

② Reinhart Koselleck, "Modernity and the Planes of Historicity," in *Futures Past: On the Semantics of Historical Time* (Cambridge, Mass.: MIT Press, 1985), p. 4.

③ Clifford Krauss, "Son of the Poor Is Elected in Peru over Ex-President," *New York Times*, 4 June 2001, sec. A, p. 1.

④ Gilmer W. Blackburn, *Education in the Third Reich: Race and History in Nazi Textbooks* (Albany: State University of New York Press, 1985), p. 54.

敬的那部著名电影，将 1942 年犹太军队准备抗击即将进入巴勒斯坦的德国军队刻画为“新版”的马萨达保卫者[①]，将
51 阿拉法特和奥萨马·本·拉登刻画为 1187 年取得伊斯兰大败十字军的历史性胜利的备受尊崇的统帅萨拉丁之现代化身。[②]

在海湾战争前夕，这位 12 世纪美索不达米亚武士的著名胜利也同样被萨达姆·侯赛因说成寓示着自己与当代西方异教徒侵略者之间一触即发的战争之结局，也由此寓示着他是一个值得自己效仿的、非常有用的楷模。萨达姆堪称这种文化与地理方面“相似之处”的一位操纵大师：多年前，他在两伊战争期间自诩为公元 637 年在卡迪西亚击败波斯人的阿拉伯将军赛义德·伊本·阿比·瓦卡斯的当代化身，甚至还不合时宜地发行彩色邮票，以纪念“萨达姆的卡迪西亚战役”[③]。他叫嚣要对以色列打一场新的阿拉伯战争，并进一步在自己与巴比伦（因而也就是“伊拉克”）大名鼎鼎的国王尼布甲尼撒二世之间做类比性的联系，其中后者于公元前 586 年设法征服耶路撒冷，并摧毁了古代以色列人的第一神庙。

---

① Y. Zerubavel, *Recovered Roots*, p. 73. 也可参见 pp. 70 – 76.

② John Kifner, “Israeli and Palestinian Leaders Vow to Keep Working for Peace,” *New York Times*, 27 July 2000, sec. A, p. 1; Evan Thomas, “The Road to September 11,” *Newsweek*, 1 October 2001, p. 42. 也可参见 B. Lewis, History, pp. 83 – 87.

③ *Scott* 1999 *Standard Postage Stamp Catalogue* (Sidney, Ohio: Scott Publishing Co., 1998), 3: 750. 也可参见3: 747, 749; Nancy Cooper and Christopher Dickey, “After the War: Iraq’s Designs,” *Newsweek*, 8 August 1988, p. 35.

在 1996 年与蒙大拿自由人的整个对峙中，美国执法人员明摆着想极力避免“另一个韦科”的发生。[①] 同样，以色列总理阿里尔·沙龙担心美国会牺牲以色列的安全，以换取阿拉伯国家支持其反恐战争，于是明确表示以色列“不会甘为捷克斯洛伐克”[②]。与此约略类似的是，林登·约翰逊总统不愿在越南战争期间被威廉·威斯特摩兰将军公然批评，便抬出朝鲜战争中一起牵扯到杜鲁门与道格拉斯·麦克阿瑟将军的“类似”事件，明确警告他不要“拿麦克阿瑟来压我”[③]。在溪山战役前夕，他再次抬出 14 年前法国在奠边府的历史性挫败，同样警告说自己才不想要“任何该死的奠边府”呢。[④]

由此可见，我们拿来做历史类比的事件基本上被认为是跨历史的、类属性的符号。普珥节——它原本被用作命名 24 个世纪以前波斯犹太人从一场有预谋的大屠杀中逃过一劫的传统纪念——被用以泛指整个历史上牵涉犹太共同体的任何“此类”事件[⑤]，也证明了这一点。这种类比建立在两个“平行”情境之间的感知相似性之上，因而显然要以某

---

① Wagner-Pacifici, *Theorizing the Standoff*, p. 93.

② James Bennet, “Sharon Invokes Munich in Warning U. S. on ‘Appeasement,’” *New York Times*, 5 October 2001, sec. A, p. 6.

③ Khong, *Analogies at War*, p. 137.

④ Ibid., p. 172. 也可参见 pp. 148 – 173.

⑤ 关于此类“普珥节”的长列表，参见“Special Purim,” in *Encyclopaedia Judaica* (Jerusalem: Keter, 1972), 13: 1396 – 1400. 也可参见 Henderson and Thompson, *Holidays, Festivals, and Celebrations of the World Dictionary*, p. 343.

种记忆类型化作为前提。这可以解释美国殖民者为什么会将其遭受英国奴役视作“又一个埃及”[①]，可以解释美国为什
52 么要为了切切实实地阻止出现“又一个”朝鲜或古巴而插手越南和多米尼加共和国[②]，还可以解释为什么人们希望避免出现更多的“慕尼黑”或“越南”。[③]

六、话语连续性

与节日和其他周年纪念一样，历史类比凸显了一个事实：我们与过去的“联系”并不总是物理性的，甚至也并不总是符像性的，而通常是纯粹象征性的。生活在不同时代的同名者之间的关系即是如此。举例而言，名字作为“相同性”的话语象征具有巨大的记忆意义，这有助于解释恰帕斯州的叛军为什么会在墨西哥革命备受敬重的英雄埃米利亚诺·萨帕塔去世七十多年后仍选用“萨帕塔党人”这一名字。[④] 同样，正是由于这种想与过去建立看似直接“联系”的愿望，蒙古民族主义者才会以 13 世纪民族英雄成吉

---

① Hay, “George Washington: American Moses,” p. 782.

② Khong, *Analogies at War*, pp. 5, 87.

③ Ibid., pp. 4, 258. 也可参见 pp. 76, 96, 259 - 260；R. W. Apple Jr., “A Military Quagmire Remembered: Afghanistan as Vietnam,” *New York Times*, 31 October 2001, sec. B, pp. 1, 3.

④ Anthony DePalma, “In the War Cry of the Indians, Zapata Rides Again,” *New York Times*, 27 January 1994, International section.

思汗的名字来给一款新的伏特加命名。[1]

另一种约略类似的弥合过去与现在之间历史鸿沟的话语形式则是巧用连续序数以暗示时间上的毗邻。譬如，所谓的第三帝国被纳粹说成“第二”德意志帝国（1871—1918）的直接承继者，从而便心照不宣地掩盖了横亘于两者之间一个明显不是帝国的15年时期。与此类似，在法兰西所谓的第一共和国与第二共和国之间也横亘着一个44年的时期（1804—1848）。同样，孟尼利克二世的名字旨在帮助埃塞俄比亚人编织一条心理线索，将19世纪晚期的皇帝与传说中的王国创始人［孟尼利克一世］“连结”在一起，尽管事实上二者的统治相隔2800年之遥。类似地，相同的名字将20世纪保加利亚沙皇鲍里斯三世与10世纪的鲍里斯二世也连结在一起。在耶路撒冷修建犹太极端民族主义者梦寐以求的“第三圣殿”，也同样有助于他们淡化对19世纪民族主义的“空白”记忆，这一空白肇始于公元70年罗马人摧毁了第二圣殿。

还有一种“弥合”历史鸿沟的话语形式是以单一的连续时间线来纪年。[2] 举例来说，一个个特定君主各自分离的统治造成了一幕幕“时代”[3]，而与此形成鲜明对照的是，

① Nicholas D. Kristof, "With Genghis Revived, What Will Mongols Do?" *New York Times*, 23 March 1990, International section, p. A4.

② Donald J. Wilcox, *The Measure of Times Past: Pre-Newtonian Chronologies and the Rhetoric of Relative Time* (Chicago: University of Chicago Press, 1987), p. 106.

③ 也可参见 ibid., pp. 52 - 53, 71 - 82, 123 - 125.

标准的犹太、基督、伊斯兰时代均表现出一种连续时间线的特征，这样便可切实地将历史上任何给定的时点“连结”在一起！如同一首诗省掉词与词之间惯常的空格，或一本书
53 以连个逗号都不打的 36 页篇幅来收尾一样[1]，这种时间线体现出了一种对于连续性的毫不含糊的执念。这种执念正是一种为女权主义者所诟病的传统切分——把女性的生命切分为两个所谓断裂的传记阶段，分别冠以“小姐”和“夫人”的社会称呼——之核心所在，并由此事实上导致了单一的（因而基本上是“连续的”）“女士”称呼的出笼。[2] 同样，这种允诺也激发了这样一种民族主义举动，即按照外人对埃及的各种征服来分期，以挑战对埃及历史的传统分期。通过从根本上将努比亚、波斯、罗马、阿拉伯、蒙古征服者都“埃及化”，并将（马其顿的）托勒密王朝和（土耳其的）马穆鲁克王朝都说成成熟的埃及帝制，埃及便被刻画为一个在整个五千年历史中基本上依旧是“同一个”的埃及。[3]

不出人们所料，这一刻画与人们在生产一份连续传记时通常采用的方式如出一辙。工作面试、高中同学会以及其他

① Edward E. Cummings, *Complete Poems* (New York: Harcourt Brace Jovanovich, 1972); James Joyce, *Ulysses* (New York: Random House, 1986).

② Eviatar Zerubavel, *The Fine Line: Making Distinctions in Everyday Life* (New York: Free Press, 1991), p. 70.

③ Gershoni and Jankowski, *Egypt, Islam, and the Arabs*, pp. 143 - 163.

“自传情境”[①] 都证明，连续传记是一项巨大的话语成就，而不应将此成就当作既定之物。[②] 我们之所以会如此大费周章地修订旧简历，不仅在于我们的生活自上次修订以来已经发生如此多的变化，也在于我们显然需要不断“更新”自己的过去，才能使之与我们不断变化的当前自我形象相称。任何从话语上使我们的过去与现在“对齐”的举动都凸显了我们的这样一种总体愿望：向世界展现一个本质上连续的自我，不管做出这些举动的人是一个曾经贵为班花而如今却沦为一个既过度肥胖又未老先衰的酒鬼，还是一个从前的捣蛋鬼而如今却摇身一变为名噪一时的大法官。正是因为社会不接受过往身份与当前身份之间在传记方面存在任何重大出入，才会使得敲诈勒索成为一门如此有利可图的生意。[③]

一份连续传记的话语生产在渲染那些契合（也可理解为预示）我们当前身份的过去要素的同时，也会淡化那些与当前身份不相契合的过往要素。这一过程需要抬出亚里士多德的一个经典区分：一是我们认为构成某一对象“真正”同一性的“本质”方面，二是我们通常认为只是“偶然”

① Vinitzky-Seroussi, *After Pomp and Circumstance*, pp. 113 – 31; Robert Zussman, “Autobiographical Occasions: Photography and the Representation of the Self” (paper presented at the Annual Meeting of the American Sociological Association, Chicago, August 1999).

② 参见 Erving Goffman, *Stigma: Notes on the Management of Spoiled Identity* (Englewood Cliffs, N. J.: Prentice – Hall, 1963), pp. 62 – 104.

③ 也可参见 ibid., pp. 75 – 76; Eviatar Zerubavel, “Personal Information and Social Life,” *Symbolic Interaction* 5, no. 1 (1982): 104 – 105.

的方面。我的驾照、社会保险号码都是专门为了确认我还是“同一个”人，哪怕我已通过减肥手术减掉了56%的体重[1]，而我今天穿的哪双袜子或者我喝咖啡时摄入了多少牛奶，这些都不会被认为是我的“本质”。[2] 同样，只要刻有官方车
54 辆识别号的那个实际的零部件还在，一辆汽车哪怕发动机及四个车门都已被更换过了也仍然会被认定为“同一辆”汽车。[3] 事实上，透过对过去婚姻的自述、临床抑郁期等例子可以看到，我们为了淡化昨日之我与今日之我在传记上的出入，有时甚至会认为，在一个挺长的有所为（如调情）或无所为（如“植物人”）的时段中，我们在某种意义上并非“真正的”自己。[4] 因是之故，一位由男而女的变性人可能会为了生产出一份看似连贯一致的女性传记，而将其整个童年说成一个无关紧要的“阶段”，称那时的自己“并非真正

---

① 参见 Denise Grady, “Exchanging Obesity's Risks for Surgery's,” *New York Times*, 12 October 2000, sec. A, pp. 1, 26.

② 也可参见 Murray S. Davis, *Smut: Erotic Reality/Obscene Ideology* (Chicago: University of Chicago Press, 1983), pp. 107－108, 122－124; Jamie Mullaney, “Making It ‘Count’: Mental Weighing and Identity Attribution,” *Symbolic Interaction* 22 (1999): 269－283.

③ Haskell Fain, *Between Philosophy and History: The Resurrection of Speculative Philosophy of History within the Analytic Tradition* (Princeton, N. J.: Princeton University Press, 1970), pp. 76－79.

④ 也可参见 Andrea Hood, “Editing the Life Course: Autobiographical Narratives, Identity Transformations, and Retrospective Framing” (unpublished manuscript, Rutgers University, Department of Sociology, 2002).

的她自己”。[①] 事实上，正如犹太复国主义者一贯将现代犹太人移民至以色列说成“回归”古代家园所揭示的那样，有时可以将漫长的18个或者25个世纪都“悬置”起来，认为它只不过是一项本质上连续的民族工程的暂时中断罢了![②]

① Harold Garfinkel,“Passing and the Managed Achievement of Sex Status in an ‘Inter-sexed’ Person,”in *Studies in Ethnomethodology* (Englewood Cliffs, N. J. : Prentice-Hall,1967),pp. 116 -185.

② 也可参见 Y. Zerubavel,*Recovered Roots*,pp. 15 -36. 关于时间性的“悬置”,也可参见 Erving Goffman,*Frame Analysis: An Essay on the Organization of Experience* (New York:Harper Colophon,1974),pp. 251 -269.

55

第3章　祖先与世系

除了第2章中讨论的种种“搭桥”技巧之外，我们也通过人际交往以保持过去与现在之间的联系，而此时“连结”它们的桥梁乃是实实在在的人。这种人际交往是儿童与其国家过往名人之间的假想性遭遇之核心所在[①]，不过，当人际交往牵涉的是与我们共同体中年长成员之间的真实遭遇时，便会更加行之有效。此外，正是经由这些人类桥梁所允许的“人口代谢”，诸如城市、家庭之类看似连续的集体性实体才能真正得以再生。[②] 并且，正是这种将众所周知的火炬沿着这些桥梁一路传递下去之愿景，才促使许多组织利用其过往成员（如大学校友）以招募未来的成员。

---

① Yael Zerubavel, "Travels in Time and Space: Legendary Literature as a Vehicle for Shaping Collective Memory" (in Hebrew), Teorya Uviqoret 10 (summer 1997): 71 - 79. 也可参见 Yael Zerubavel, *Recovered Roots: Collective Memory and the Making of Israeli National Tradition* (Chicago: University of Chicago Press, 1995), pp. 92, 108.

② Kenneth McNeil and James D. Thompson, "The Regeneration of Social Organizations," *American Sociological Review* 36 (1971): 624 - 637.

在1999年克林顿总统的整个弹劾案期间，公众对于两个多世纪以前由开国元勋们起草的美国宪法的实际含义是什么表现出了极大关切①，可见我们的先辈在去世很久以后依然会在我们的意识中占据极重要的地位。② 事实上，正如他们在公共纪念碑、纸币上随处可见的符像性存在（更别提毛利人在开战前争取已故祖先的支持这一传统）所证明的那样，他们往往实现了象征性的不朽。③ 古代凯尔特英雄库丘林和1916年复活节起义的领袖们仿佛正在从贝尔法斯特工人阶级街区的彩色壁画上看着其子孙后代④，因而他们对于后者而言是一种相当“鲜活”的存在，这一点就跟我的家乡特拉维夫以街名的形式而环绕于我周围的所罗门王、哈斯蒙尼人、拉什，以及犹太历史上的其他数十位著名人物没 56
什么两样。

一、朝代与族谱

透过我们组织家庭、种族、民族等身份的方式可以看

① 也可参见 Samuel C. Heilman, *The People of the Book: Drama, Fellowship, and Religion* (Chicago: University of Chicago Press, 1983), p. 62.

② 也可参见 Alfred Schutz and Thomas Luckmann, *The Structures of the Life-World* (Evanston, Ill.: Northwestern University Press, 1973), pp. 87 – 92.

③ 也可参见 Raymond L. Schmitt, "Symbolic Immortality in Ordinary Contexts: Impediments to the Nuclear Era," *Omega* 13 (1982 – 83): 95 – 116.

④ Bill Rolston, *Drawing Support: Murals in the North of Ireland* (Belfast: Beyond the Pale Publications, 1992).

到，我们与过往世代的“接触”往往是从生物学意义上来说的。在现代遗传学出现之前，我们早已清晰认识到，倘若在社会连续性中也同时含有某种生物连续性的因素，社会连续性的外表具有的说服力便会强得多。事实上，在我们用以从心理上建构“自然而然的”连结性的方式上，血缘（“血脉”）乃是地理接近性（“地方”）之功能等价物。[1] 因此，我们的祖先被视作我们自身的“产前碎片”[2]，有些文化甚至将个体视作其全部祖先之化身。[3]

生物学对于历史连续性的社会建构发挥的作用最为鲜明地体现于本质主义叙事当中，这些叙事将血脉“联系”描绘得更加真真切切。早期的埃及民族主义者声称，他们的同胞跟拉美西斯二世、阿肯那顿流着相同的血，以此强调他们与那些古代法老之间所谓不可避免的“有机”联系，尽管两者之间相隔三十多个世纪之遥（非洲中心主义者针对非裔美国人亦持此论）。[4] 因此，埃及的过去与现在之间的文化连续性被说成立足于两者之间所谓的生物连续性之上。

---

① 参见，例如 Ferdinand Tönnies, *Community and Society* (New York: Harper Torchbooks, 1963), pp. 42 - 43.

② Alex Shoumatoff, *The Mountain of Names: A History of the Human Family* (New York: Simon and Schuster, 1985), p. 217.

③ Hugh Baker, *Chinese Family and Kinship* (New York: Columbia University Press, 1979), p. 26.

④ Israel Gershoni and James P. Jankowski, *Egypt, Islam, and the Arabs: The Search for Egyptian Nationhood*, 1900 - 1930 (New York: Oxford University Press, 1986), pp. 165 - 166; Stephen Howe, *Afrocentrism: Mythical Pasts and Imagined Homes* (London: Verso, 1998), pp. 37, 43.

但人际的历史连结性并非都是生物性的。这一点便体现在严格知识上的“朝代”当中，譬如：塞内加尔的伊斯兰学者之线长达若干世纪，他们会从自己的老师、老师的老师，一路追溯到先知那里。[①] 事实上，拉比犹太教对祭司犹太教的胜利、天主教中明确将独身教士身份制度化，此二者都是对这种“思想贵族”[②] 的偏爱胜过本质上世袭的血统贵族的经典例子。但即使是这种“精神族谱”[③]，归根结底也是在效仿血脉。从格奥尔格·齐美尔经由罗伯特·帕克、埃弗雷特·休斯、欧文·戈夫曼、我本人，再到我的学生，就构成了一条跨越连续六“代”的社会学导师线。有鉴于此，我确确实实把自己的学生想象为齐美尔的“来孙辈学生”！

过往世代与现在世代之间的心理纽带牵涉这样一个意
象，即真实的世系“线”。“血脉”观念似乎揭示了这一点， 57
举例来说，萧特知音“王朝”从 17 世纪 20 年代以来，连续 14 代主宰着世界的钹市场[④]，这些世代便由此而被想象为它们集体地形成了一种单一、连续、线状的心理结构，并被从字面上叫做一个谱系。不妨再提一下姓名作为相同性之象征具有的巨大意义。除了“名”在代际司空见惯的重复折射

① Shoumatoff, *The Mountain of Names*, p. 55. 也可参见 Randall Collins, *The Sociology of Philosophies: A Global Theory of Intellectual Change* (Cambridge, Mass.: Harvard University Press, 1998), pp. 54 – 58, 64 – 68.

② Shoumatoff, *The Mountain of Names*, p. 89.

③ Ibid., p. 72.

④ Frederick Allen, "They're Still There: The Oldest Business in America," *American Heritage of Invention and Technology* 15, no. 3 (2000): 6.

着以祖先来为新生儿命名的传统做法，相同的“姓氏”也有助于使心理线索具体化，而这些线索“跨越”各个世代的家庭，并由此强化了其感知连续性。这种连续的承继线暗示了一种谁是“线上的下一个”的明确结构。正是对于这种连续承继线的憧憬，才促使西班牙在废黜阿方索十三世44年之后的1931年恢复了其孙胡安·卡洛斯的王位。也正是这种憧憬，仍在激励着死硬的君主主义者让觊觎罗曼诺夫乃至波拿巴王位者们的“路线”得以从形式上延续至今。但继任不只基于遗传，它往往也与担任某种“职位”联系在一起。[①] 譬如，历任大学院长、历任报纸编辑、历任空军基地指挥官在我们头脑中形成的“路线”即是如此。

请注意，在这点上，乔治·W. 布什的共同形象在于，他处在可以一路追溯至乔治·华盛顿的美国总统“链条”上的第43环。这种链条如同家族“树”、绳索[②]、祖先“河”[③] 等其他有关谱系的准物理表征一样，会在我们脑海中唤起一个单一的连续结构之意象。不过，它也会唤起一个包含着一系列个体的意象，他们仿佛置身于某种想象性的接

---

① Max Weber, *Economy and Society: An Outline of Interpretive Sociology* (Berkeley and Los Angeles: University of California Press, 1978), pp. 1139 - 1141. 也可参见 pp. 246 - 248, 1121 - 1125, 1135 - 1139.

② 参见 Baker, *Chinese Family and Kinship*, pp. 26 - 27.

③ Guy Murchie, *The Seven Mysteries of Life: An Exploration in Science and Philosophy* (New York: Mariner Books, 1999 [1978]), p. 357（页码引自重印版）; Richard Dawkins, *River out of Eden: A Darwinian View of Life* (New York: Basic Books, 1995).

力赛当中，手握穿越整个历史而来的同一根象征性的接力棒。通过这种方式，它明明白白地强调了代际传递性这一独特的人类现象学，从而使我们能够同时从心理上和经验上将一系列本质上离散的世代相邻对（如父母 - 孩子、教师 - 学生），转换为一条单一且连续的“承继线”。

这种历史接触链固然不可避免地具有严格的历时性，但其中各环节之间的关系与我们称之为“小世界”的熟人链成员之间的关系极为类似。[①] 一种人际传递感会促使我们愿意雇用“我们的熟人的熟人”，我们也会“透过”祖先以及其他历史熟人而感觉自己间接地参与了历史，这两种感觉极为类似。[②] 因是之故，一名于 1927 年嫁给 82 岁高龄的南方老兵的妙龄女子在时隔 73 年之后，被许多南方人视作他们“与迪克西的最后一条纽带”。[③]

这种有趣的代际传递感的一个绝佳例子是帕特里夏·波 58
拉科的儿童读物《品克和塞伊》，其中主人公塞伊曾有幸跟亚伯拉罕·林肯握过一次手。在本书结尾，波拉科告诉读

① 关于后者，参见 Stanley Milgram, “The Small World Problem,” in *The Individual in a Social World: Essays and Experiments*, 2d ed. (New York: McGraw-Hill, 1992 [1967]), pp. 259 - 275; Ithiel de Sola Pool and Manfred Kochen, “Contacts and Influence,” in *The Small World*, edited by Manfred Kochen (Norwood, N. J.: Ablex, 1989), pp. 3 - 51.

② 也可参见 Ruth Simpson, “I Was There: Establishing Ownership of Historical Moments” (paper presented at the Annual Meeting of the American Sociological Association, Los Angeles, 1994).

③ Matthew L. Chancey, “Mrs. Alberta Martin: The Old Man's Darling,” < http://lastconfederatewidow. com >, accessed 7 February 2002.

者，塞伊将这一故事告诉他女儿，他女儿又告诉她儿子，她儿子又告诉自己的女儿，即作者本人。作者补充道，她父亲讲完故事，把自己的手拿给她看，“这只手所摸过的另一只手……握过亚伯拉罕·林肯的手”[①]。有人告诉我，波拉科曾为一群图书管理员朗读过《品克和塞伊》，然后跟他们一一握手。而如今，其中一名管理员也会让听她朗读本书的孩子们来跟自己握手，于是乎，一只手握过另一只手，另一只手又握过另一只手……另一只手据说曾经握过林肯的手！

当我们从心理上建构这种历史接触链时，我们往往以长度（即构成一条“链”的“环”数）作为对实际历史距离的一种非正式度量。换言之，我们将“代”[②] 作为测量“小世界”中社会距离之“分隔度”[③] 的计时等价物。因此，倘若我们将一个世代视作一场想象性的历史接力赛中的一棒，每棒等于25年，那么我们与克里斯托弗·哥伦布之间只不过20个“历史分隔度”罢了。

我在此故意使用了“历史分隔度”一词。就跟以分隔度来衡量社会距离的其他心理运动一样[④]，这种想象性的接力队成员身份从经验的意义上压缩了历史距离。当我想象有

---

① Patricia Polacco, *Pink and Say* (New York: Philomel Books, 1994).

② 参见，例如 Richard Lewontin, *Human Diversity* (New York: Scientific American Books, 1982), p. 162; Donald Johanson and Blake Edgar, *From Lucy to Language* (New York: Simon and Schuster, 1996), p. 112; Collins, *The Sociology of Philosophies*, pp. 54 - 79.

③ John Guare, *Six Degrees of Separation* (New York: Random House, 1990).

④ Milgram, “The Small World Problem.”

一条包含着20个人的线，将我与哥伦布从字面上连在一起时，他仿佛就会在某种程度上距离我更近一些，因为“相距20人”怎么感觉也不像“500年前”那般遥不可及。我至今依然记得，我当初在捧读按照“朝代”逐一描述犹太史的《大卫之家回忆录》[①] 时，只要一想到自己与雅各布、摩西、大卫及其他半传奇性的圣经人物之间尚不足“150个人的距离”，便兴奋不已！当我们意识到只需要不到40个亲子环，即可将我们带回到英国的诺曼征服，或意识到农业革命只是在400个世代之前才开始的，也同样惊讶不已。[②] 当一个历史接触链的中介环数减少，历史距离则会从经验上被压缩。可见，“小世界”采取的是一种“简史”的形式。

事实上，一旦我们意识到代际接触无须局限于相邻世 59
代，历史距离就会显得更短。毕竟，我的曾祖母——她1876年生于俄罗斯，在我15岁时与世长辞——曾经亲耳从其曾祖母那里听过关于1812年拿破仑侵略俄罗斯的一手描述。每每想到我跟拿破仑（以及约瑟夫·海顿［卒于1809年］）的一个同时代人之间其实只不过“两步交谈距离”，我便更加兴奋不已。当我意识到下面这些事实时，亦同样兴奋：当海顿于1732年出世时，乔纳森·斯威夫特（1667—

① Avraham S. Friedberg, *Zikhronot le-Veit David* (in Hebrew) (Ramat Gan, Israel: Masada, 1958).

② Kenneth W. Wachter, "Ancestors at the Norman Conquest," in *Genealogical Demography*, edited by Bennett Dyke and Warren T. Morrill (New York: Academic Press, 1980), p. 92; Edward Shils, *Tradition* (Chicago: University of Chicago Press, 1981), p. 37.

1745）尚健在人世；斯威夫特跟托马斯·霍布斯（1588—1679）生活于同一时代，而霍布斯出世时，法国尚处在凯瑟琳·德·美第奇（1519—1589）的统治之下；在我与马丁·路德（1483—1546）、米开朗基罗（1475—1564）、瓦斯科·达·伽马（1469—1524）之间，其实只不过 7 个“历史分隔度”！

然而，历史接触链的长度在两个方向上影响着我们对于历史距离的经验。当我们为了“抵达”过去而最终需要更多的间接接触数量时，这种距离会显得更长，由此凸显了想要将传递性转换为直接接触的固有困难。毕竟，在一个给定的历史接触链上，中介环数愈多，我们与祖先的接触便愈间接。这可以解释为什么当我们住进前房东只住了两年的房子时，会感觉三年前在同一屋檐下吃喝拉撒睡的前前房东遥远得仿佛“史前”一般。

但我们对历史距离的经验不仅会受构成历史接触链的环数之影响，而且也会受实际环长之影响，因为环愈长，必须牵扯的连续－中断之“交接棒”则愈少。毕竟，下面这两个事实之间不无关联：我在历史上可能处于跟一位 18 世纪作曲家的同时代人仅仅“两步交谈距离”之处；我的曾祖母活到 87 岁的高寿才与世长辞。较长的“世代”环有助于从经验上压缩历史距离，这一事实彰显了以父系的形式来组织世系对于社会连续性的巨大重要性，因为父系形式会不可

避免地令“世代”超出女性的生育跨度。[①] 此外，在奥地利
皇帝弗朗西斯·约瑟夫一世（1848—1916）长达 68 年的统
治期间，白宫已先后易主不下 17 次（波尔克、泰勒、菲尔
莫尔、皮尔斯、布坎南、林肯、约翰逊、格兰特、海斯、加 60
菲尔德、阿瑟、克利夫兰、哈利森、麦金莱、罗斯福、塔夫
脱、威尔逊），由此事实可见，这样的环节对维系组织的连
续性也同样至关重要。

我与海顿（更别提瓦斯科·达·伽马了）之间的经验接近性，也源于这样一个事实：构成历史接触链的“代”环可能显得不像谱系图惯用的图形描述那般离散。我们的寿命往往不仅与我们父母的寿命相重叠，而且也可能与我们的祖父母乃至曾祖父母的寿命相重叠，我本人的例子已清楚表明了这一点。这种代际重叠也可以解释家庭、国家等社会实体的心理持久性，其中，成员的变迁通常都是渐进式的，不知不觉地发生变迁。[②] 从繁衍上说，人类不像考拉或土拨鼠那样会受制于特定的繁殖季节[③]，这意味着新成员实际上可以不断加入人类群体当中。没有哪个“世代”会一劳永逸地取代另一个世代[④]，在一个给定的家庭或国家生活中的不

① 也可参见 Shoumatoff, *The Mountain of Names*, p. 73.

② Georg Simmel, “The Persistence of Social Groups,” *American Journal of Sociology 3* (1897 - 98): 669 - 671. 也可参见 David Hume, *A Treatise of Human Nature* (London: J. M. Dent, 1977), bk. 1, pt. 4, sec. 6, pp. 243 - 244.

③ Simmel, “The Persistence of Social Groups,” p. 669.

④ Karl Mannheim, “The Problem of Generations,” in *Essays on the Sociology of Knowledge* (London: Routledge and Kegan Paul, 1951), pp. 292 - 294.

同点上，往往都至少会有某些共同成员将其“联系”在一起。可见，这种群体在人口构成上的任何变化通常都是缓慢的，而在任何给定时刻，也“只会对其总体生命的极小部分”产生影响，因此这种变化比例可以忽略不计。①

这样一来，在一个家庭或国家的晚近历史中，“连结”任何两个时刻的成员在数量上通常会比这期间去世的前成员更多，也比这期间出生的新成员更多。除了极不寻常的灾难（例如泰诺人在欧洲对加勒比殖民化的早期阶段几近绝种、波兰300万犹太人的其中九成在20世纪40年代被纳粹德国系统地灭绝）之外，这种群体的再生是如此缓慢，以至于我们通常会感觉它们不仅是一个而且还是同一个实体，在不断失去某些旧成员的同时，也在不断收获某些新成员。这种感觉当然有助于制造一种具有百年悠久历史的家庭与国家之幻象。

这种自然而然的人口现实进一步被诸多社会组织（从交响乐团、乡村俱乐部，到职业篮球队）复刻，它们竭力地维持低流失率。事实上，即使是在四年制的高中学校里，每年人口的剧烈变化会影响到约四分之一的学生，但另外四
61 分之三依然完好无损。对于代际连续性的追求，也会促使一些组织去错开任期（例如，美国参议院在任何一个给定的

① Simmel,“The Persistence of Social Groups,”p. 670. 也可参见 Hume,*A Treatise of Human Nature*, bk. 1, pt. 4, sec. 6, p. 242.

选举年中，只能有三分之一的成员连任）[①]，或者围绕诸如总统、最高军事指挥官之类的重大人事变动而设立特别“过渡期”。组织章程、外交条约、患者图表，以及旨在非个人化并进而抵消由这种过渡不可避免带来的破坏性影响的其他文件，它们也进一步增强了这种连续性。[②]

不用说，在所有这些努力背后，弥合鸿沟乃是总体结构性的当务之急。举例而言，毕竟如果人们要想象一条连续的王室“线”，就应该对历任君主之间任何过渡期的鸿沟视而不见。[③] 事实上，任何“承继线”都会不可避免地以这种不间断作为前提，因而任何两个承继环之间都要在时间上存在某种重叠或至少毗邻。[④] 因是之故，尽管在诸如304—308年和638—640年之类的时期教皇职位实际上空缺，而在1378—1417年的“大分裂”等时期“反教皇”的蜂拥而起对于教皇职位整体上的单线结构造成的破坏更是不在话下，然而我们仍然将教皇若望·保禄二世想象为一条所谓平滑无缝的使徒链上的第264环，这根链条跨越了19个多世纪，可一直上溯至圣彼得那里。事实上，正是由于加洛林人有力

① 也可参见 Eviatar Zerubavel, *Patterns of Time in Hospital Life: A Sociological Perspective* (Chicago: University of Chicago Press, 1979), pp. 46 - 50, 60 - 61.

② 也可参见 Simmel, "The Persistence of Social Groups," pp. 671 - 675; E. Zerubavel, *Patterns of Time in Hospital Life*, pp. 43 - 46.

③ 关于鸿沟与连续性之间的逆向关系，参见 Eviatar Zerubavel, *The Fine Line: Making Distinctions in Everyday Life* (New York: Free Press, 1991), pp. 21 - 32.

④ 也可参见 Haskell Fain, *Between Philosophy and History: The Resurrection of Speculative Philosophy of History within the Analytic Tradition* (Princeton, N. J.: Princeton University Press, 1970), p. 78.

地将从公元476年罗马末代皇帝罗慕路斯·奥古斯都退位到公元800年查理大帝加冕“罗马”皇帝的这三个世纪说成只是同一个连续政治实体的生命中的一个“暂停键”，他们才为后来所谓的神圣“罗马”帝国奠定了谱系基础。

如上所述，谱系链往往显得比它们实际上更加平滑无缝。这一点也体现于这样一种同样具有操纵性的做法当中：利用幻影世代来“填塞”家谱，以弥合历史编年史中的鸿沟，譬如在诺亚与亚伯拉罕之间的9个世代都缺乏相应的圣经叙事。[①] 此外，要想实现这种平滑无缝，可能不仅需要策略性地掩盖谱系鸿沟，而且还需要掩盖链条中种种“有问题的”、与连续性相背离的环节。举个例子，1999年7月，在埃胡德·巴拉克访问华盛顿期间，克林顿总统显然是为了要唤起一连串鸽派以色列领袖的形象，才称前总理伊扎克·拉宾（任期1992—1995）为巴拉克的（暗指直接的）“前任”，仿佛是在试图心照不宣地“删除”对于极端鹰派本杰
62 明·内塔尼亚胡三年任期（1996—1999）的沮丧记忆，而其时巴拉克接替他才不过区区数周。

鉴于我们具有一种明显保守的美化过去之倾向，我们往往会利用祖先来作为地位与正当性的来源，而授予我们地位与正当性的仿佛是这样一个事实，即我们是从他们那里“一脉相承而来”的，谱系图中典型的“自上而下”的表示

① Marshall D. Johnson, *The Purpose of the Biblical Genealogies with Special Reference to the Setting of the Genealogies of Jesus* (London: Cambridge University Press, 1969), p. 78.

方式从字面上反映了一点。因是之故，明仁天皇的政治正当性源于这么一种传统信仰：他处在一条可以一直追溯至日本皇室王朝传奇创始人神武的肉身之链上的第125环；而摩洛哥国王穆罕默德六世的政治正当性仰仗的则是他作为先知第36代孙的形象。[①]

因此，谱系作为一条“联系过去与现在的神圣之线”[②]，乃是一种格外常见的用以组织正当性的系统。其主要功能之一在于，通过建立源自令人尊崇的祖先的世系（例如自称处于可以上溯25个多世纪而一直抵达孔子的肉身链上的第77环）[③]，以抬升一个人的社会地位。[④] 与动物饲养者一样，家庭也将族谱当作其高贵地位之关键所在。[⑤] 因此，全世界的统治者与其他社会精英都会不遗余力地证明其“谱系价值”，甚至专门雇请专家为其提供体面的族谱。[⑥] 不过，只有在某种东西能够从族谱中获取的情况下，才可做此努力，

---

① Shoumatoff, *The Mountain of Names*, pp. 67, 72. 也可参见 pp. 66, 71.

② Thomas A. Hale, *Griots and Griottes: Masters of Words and Music* (Bloomington: Indiana University Press, 1998), p. 124.

③ Seth Faison, "Not Equal to Confucius, but Friends to His Memory," *New York Times*, 10 October 1997, International section.

④ Johnson, *The Purpose of the Biblical Genealogies*, p. 79.

⑤ Mary Bouquet, "Family Trees and Their Affinities: The Visual Imperative of the Genealogical Diagram," *Journal of the Royal Anthropological Institute*, n. s., 2 (1996): 47.

⑥ Shoumatoff, The Mountain of Names, p. 64; Jessica Libove, "Guardians of Collective Memory: The Mnemonic Functions of the Griot in West Africa" (unpublished manuscript, Rutgers University, Department of Anthropology, 2000). 也可参见 Anthony Wagner, "Bridges to Antiquity," in *Pedigree and Progress: Essays in the Genealogical Interpretation of History* (London: Phillimore, 1975), pp. 50 - 75.

臭名昭著的“一滴血原则”即证明了这一点：一个人只要祖上曾经出过一个非裔美国人，他/她在南方便足以被正式认定为黑人，并由此低人一等。[①] 事实上，在整个美洲，人们往往会对其本质上多种族的家族树做个彻彻底底的打枝，竭力杜撰一个“纯正”的谱系，其中几乎没有任何“令人尴尬的”非洲祖先。[②]

但“谱系价值”的例证并不仅仅局限于生物连结性，也往往牵涉严格象征性的“血统”结构。举例而言，比尔·克林顿在首次总统竞选中，一再搬出杜鲁门与肯尼迪，这显然是为了使人联想到这样一种意象：一条深得民心的民主党总统链，已经悄然延伸到了自己这里。八年后，其继任者在接见一群黑人保守派时也同样强调，托马斯·杰斐逊及其奴隶萨利·海明斯的子孙后代已经登上讲坛。[③]

族谱不只提供地位，亦提供身份。尽管我们拥有现代的精英主义理想，然而我们是谁却依旧受到我们自谁一脉相承
63 而来的影响，这可以解释我们为何对于“根源”极度痴迷。
因此之故，有人才认为，“对非裔美国人而言，最大的讽刺

① E. Zerubavel, *The Fine Line*, pp. 56 – 57.

② Virginia R. Domínguez, *White by Definition: Social Classification in Creole Louisiana* (New Brunswick, N. J.: Rutgers University Press, 1986), pp. 188 – 204; France W. Twine, *Racism in a Racial Democracy: The Maintenance of White Supremacy in Brazil* (New Brunswick, N. J.: Rutgers University Press, 1998), pp. 116 – 133.

③ Frank Bruni and Katharine Q. Seelye, "Campaign Contrasts Grow Starker," *New York Times*, 2 July 2000, sec. A, p. 11.

莫过于我们与自己的开端相脱节”[①]，而在中国，将一个人从家谱中除名乃是传统上最可怕的惩罚之一。[②] 一个人缺乏清白的族谱犹如被“抛在了一片举目无亲的遗忘之海上”[③]，而被冠以无正当性的污名以及在得知自己身为养子以后接踵而至的可怕身份危机，都体现了这一点。

二、共同世系

世系观不仅将我们与祖先“连结”在一起，而且也将我们与无数同时代人“连结”在一起。毕竟，血缘（共享“同一血脉”）不仅意味着与父母、祖父母、曾祖父母、高祖父母之间的直系关系，而且也意味着与兄弟姐妹、堂兄弟姐妹，以及从祖先传下来的许多其他“血亲”的旁系关系。[④]

共同世系乃是共同性的主要来源之一，而传统形式的社会团结通常有赖于这种共同性。[⑤] 拥有共享的过去会让人们从总体上感觉也在共享着现在。不将我们自己想象为一盘散沙的原子，而认为我们都是从某个共同祖先一脉相承而来

---

① Carey Goldberg, "DNA Offers Link to Black History," *New York Times*, 28 August 2000, sec. A, p. 10.

② Baker, *Chinese Family and Kinship*, p. 95.

③ Shoumatoff, *The Mountain of Names*, p. 50.

④ Lewis H. Morgan, *Systems of Consanguinity and Affinity of the Human Family* (Lincoln: University of Nebraska Press, 1997), p. 17.

⑤ Tönnies, *Community and Society*, pp. 42, 48.

的，这会让我们感觉到，我们到底还是“连在一起”的。

这种团结作为基本情感，构成了通常被称之为谱系、同源系统、世系群体或亲属系统[①]的“血缘共同体”[②] 的建立基础。这种共同体基本上囊括了自称是从某一共同祖先一脉相承下来的所有人，因此成员（“亲属”）之间的关系即为血脉与共的关系，罗斯柴尔德“家族”、肯尼迪“家族”、都铎“家族”或本雅明“部落”均为明证。这自然凸显了共同祖先作为将子孙后代凝聚在一起的社会黏合剂之必要性，这一点在家庭团聚[③]和传统的祖先崇拜中也体现得极为分明：

> 如果我们将世系想象为一棵树，以始祖为树干。……我们也可以想象一下，树干枯死对树造成的灾难性影响：树枝会脱落无遗，因为再无什么东西将其凝聚在一起。若想使树保持完好无损，就得找到方法以保存树干：这其实正是祖先崇拜之所为，它保存了始祖；若无始祖，便不存在各条后裔线之间的连结。[④]

---

① J. D. Freeman, "On the Concept of the Kindred," in *Kinship and Social Organization*, edited by Paul Bohannan and John Middleton (Garden City, N. Y.: American Museum of Natural History, 1968), p. 255; Meyer Fortes, "Descent, Filiation, and Affinity," in *Time and Social Structure and Other Essays* (London: Athlone Press, 1970), p. 111; Alfred R. Radcliffe-Brown, "The Study of Kinship Systems," in *Structure and Function in Primitive Society* (New York: Free Press, 1965), pp. 51 - 53.

② Morgan, *Systems of Consanguinity and Affinity*, p. 10.

③ Millicent R. Ayoub, "The Family Reunion," *Ethnology* 5 (1966): 416, 418.

④ Baker, *Chinese Family and Kinship*, pp. 90 - 91. 也可参见 Ernest L. Schusky, *Variation in Kinship* (New York: Holt, Rinehart, and Winston, 1974), p. 53.

在我们建构亲属关系的方式中，历史发挥着举足轻重的作用，因为谱系“距离”（传统上以旁系血缘的度数来测量）会不可避免地随着远离共同祖先的生育步的增加而增加。[①]因此，我们会感觉距离我们共同祖先更短的亲戚与我们之间的关系要比其他人与我们之间的关系“更亲近”。从图 12 中，我们可以看到，谱系接近性乃是拥有最近共同祖先之函数。兄弟姐妹仅需“向后”走一个生育步，即可找到一个共同祖先，可见，他们在谱系意义上被认为比表亲（更别提二代表亲了）与我们之间更加亲近。

64

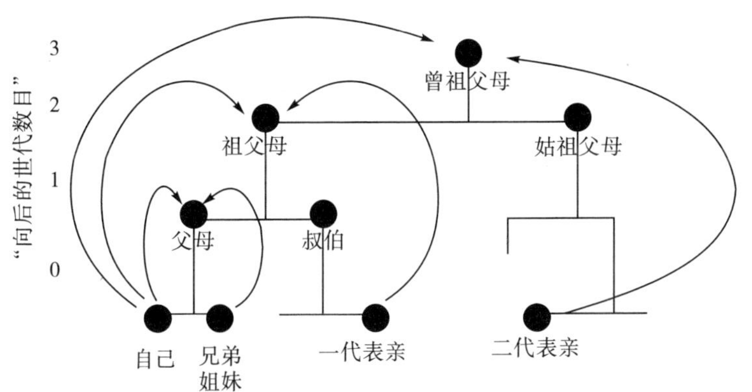

图 12　谱系距离与祖先深度

家族树就很好地体现了社会“距离”与历史“距离”之间的互连性。在中世纪早期，家族树乃是谱系图的那些图

① Morgan, *Systems of Consanguinity and Affinity*, pp. 10 – 11, 25. 也可参见 David M. Schneider, *American Kinship: A Cultural Account* (Englewood Cliffs, N. J.: Prentice-Hall, 1968), pp. 25, 65.

形化分支，被用以判断任意两人之间的通婚可能性。① 树根代表共同祖先，各种树枝代表谱系相关性的不同“层次”。一旦我们将这种树简化为一个示意性的三角形，这种相互连结性则会愈加分明。从图 13 中，我们可以看到，不同对象之间的历史分歧愈晚近，其社会距离则愈短。A 被认为更“靠近”B，而非 C，因为它与前者的历史分歧（在 T_2 点）比它与后者的历史分歧（T_1 点）来得更晚近。由此可见，社会距离基本上是时间之函数。②

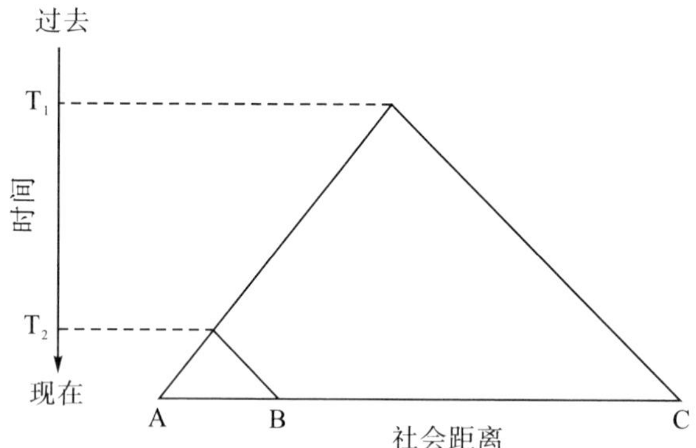

图 13　时间与社会距离

① Theodore D. McCown and Kenneth A. R. Kennedy, eds., *Climbing Man's Family Tree: A Collection of Major Writings on Human Phylogeny, 1699 to 1971* (Englewood Cliffs, N. J.: Prentice-Hall, 1972), p. 10. 也可参见 Bouquet, "Family Trees and Their Affinities," p. 63.

② 也可参见 Edward E. Evans-Pritchard, *The Nuer: A Description of the Modes of Livelihood and Political Institutions of a Nilotic People* (London: Oxford University Press,
65 1940), pp. 106 - 108.

举例而言，不妨想想历史语言学中如何利用这种明显拓扑式的推理。19世纪50年代，分支图被首次用以描述不同语言之间的谱系关联，自此以后，我们便从心理上将其置于不同语“系”（如印欧语系、南岛语系）的各个语“支”上（如波罗的语支、日耳曼语支）。在这种明显的谱系意象背后有个总体预设，即语言从共同祖先中分化出来得愈晚近，它们彼此之间的距离则“愈接近”。[①] 因此，法语与意大利语基本上被视作“姊妹”语言，而捷克语却被认为只是一个远房“表亲”。在下文中，我们还会看到，这种推理如今似乎也已渗透至我们对自己与大猩猩、斑马、鸟类之间关系的想象方式当中。

当然，表亲关系基本上是兄弟姐妹关系的一种扩展。[②] 因此，它几乎囊括了我们与跟我们共享同一祖先的任何人之间的关系。事实上，我们“相互之间是比我们通常所意识到的更亲近的表亲”[③]，而唯一的问题在于我们是第1代还是第41代表亲！从图14中，我们可以看到，虽然我们中的许多人甚至叫不出第3代表亲的名字，但从谱系上说，我们

---

① Morris Swadesh, "What Is Glottochronology?" in *The Origin and Diversification of Language* (Chicago: Aldine, 1971), pp. 271 – 276; Colin Renfrew, *Archaeology and Language: The Puzzle of Indo-European Origins* (New York: Cambridge University Press, 1987), pp. 101, 113 – 115, 118.

② 一些词源证据可参见，例如 Morgan, *Systems of Consanguinity and Affinity*, pp. 95, 106, 314, 349, 552, 555.

③ Dawkins, *River out of Eden*, p. 35.

与遥远得多的“亲戚”都是连结在一起的。[①] 不过，一个显见的事实是，如果我们为了寻找一个共同祖先得费劲地“向后”倒回去愈远，那么我们的亲属感往往会不可避免地变得愈淡。[②] 海龟和奶油鸟甚至连其祖父母是谁都浑然不知，而人类的亲属系统却预设了无限的传递性度数，由此其祖先“深度”几乎深不可测。[③]

66

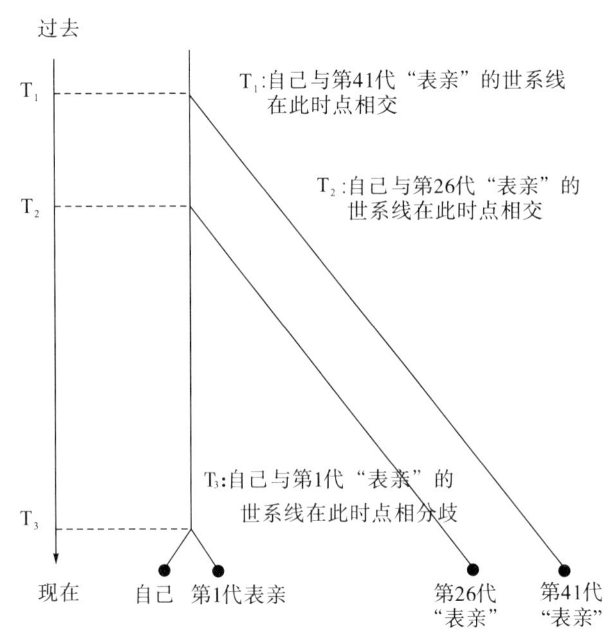

图 14　表亲关系与祖先深度

① 也可参见 Wachter, “Ancestors at the Norman Conquest,” p. 92; Shoumatoff, *The Mountain of Names*, p. 245.

② Schneider, *American Kinship*, pp. 67 – 68.

③ 也可参见 ibid., p. 73; Shoumatoff, *The Mountain of Names*, p. 22.

我们从前文图12中可以看到，亲属系统的祖先深度（以成员们与共同祖先之间相隔的世代数来测量）显然会影响其跨度（以可辨的表亲关系的度数来测量）。换言之，亲属系统的实际规模乃是其历史深度之函数（并由此与之成比例地变化）①，随着我们每“向后”走一个世代步而日益扩大。因是之故，一个中国大家庭愈大，其崇拜的祖先世代则愈多。② 事实上，即使是整个国家，也可被视作一个单一的大家庭③，由此凸显了历史在对于社会共同体——从家庭，经由部落、族群④、国家、种族，直至整个人类——的心理建构中发挥的关键作用。的确，这些谱系群之间的差异只是个规模问题。

三、世系的社会组织

从图12和图14中可见，我们在寻找共同祖先时“往
上”走得愈远，我们的谱系身份则愈包容，因为“更深” 67
的亲属感不可避免地意味着我们会将更大范围内的同时代人
视作亲戚。举例而言，通过将亚伯拉罕引以为共同祖先，犹

---

① Evans-Pritchard, *The Nuer*, pp. 106 - 107, 200 - 201; Meyer Fortes, "The Significance of Descent in Tale Social Structure," in *Time and Social Structure and Other Essays* (London: Athlone Press, 1970), p. 37.

② Baker, *Chinese Family and Kinship*, p. 104.

③ 参见，例如 Gershoni and Jankowski, *Egypt, Islam, and the Arabs*, p. 165.

④ Anthony D. Smith, *The Ethnic Origins of Nations* (Oxford: Basil Blackwell, 1986), pp. 24 - 26.

太人、基督徒、穆斯林都可以共享某种象征性的亲属感。1999 年，纽约州参议员候选人、卫理公会教徒希拉里·克林顿在拜谒摩洛哥的一个犹太人墓地时，宣称“我们都是亚伯拉罕的孩子”[①]，从而撑开了一把伪谱系之伞，这把伞宽大得足以遮下她自己、穆斯林东道主，以及国内潜在的犹太选民。但这种伞又不应该过于宽大。譬如，前一年，她丈夫刚刚选定乌干达作为美国有史以来首次为其在奴役非洲人中扮演的历史角色而公开道歉的地点以后，便立刻认识到了这一点。一位非裔美籍纽约人挖苦道：“前奴隶在我们这里，而不是回非洲去了。”[②]

在寻找这种“（谱系）公分母”时，我们“向后”实际走多“深”（例如我儿子 7 岁时跟他的第二代表亲初次见面，就谈及了自己的曾祖父），基本上是个选择问题，但此选择却并不只是个人性的。事实上，往往是社会惯例规定着多少度的旁系血缘仍有资格成为人们的“亲戚”。这种惯例可以明确地取消从形式上被界定为与自己距离太近或太远的潜在性伴侣的资格，从而有助于遏制过度内婚或者过度外婚的人际接触。这些明白无误的社会规则，基本上界定了我们的亲属识别范围，同样也规定着人们应该为谁的鲜血或荣誉复仇、谁应该受邀出席婚礼以及其他的“家族”聚会、人

① James Bennet, "Hillary Clinton, in Morocco, Says NATO Attack Aims at Stopping Bloodshed," *New York Times*, 31 March 1999, International section, p. A10.

② Mirta Ojito, "Blacks on a Brooklyn Street: Both Cynics and Optimists Speak Out," *New York Times*, 26 March 1998, International section, p. A13.

们在悼念不同“层次”的亲戚时必须公开展现何种程度的悲伤。[①] 不出人们之所料，这些规则在不同文化中往往各不相同。[②]

我们的社会环境不仅影响着连接过去与现在的世代之间的心理线长度，而且也影响着我们在脑海中据以“编织”心理线的规则本身。从围绕养父母身份或代孕父母身份的社会惯例与程序可见，我们从世系意义上追溯到的“祖先”并不总是我们真正的生物祖先，而往往是纯粹的象征之线将我们与他们连结在一起。易言之，谱系乃是针对社会性的（而非严格自然性的）“世系”而做的形式化描述。[③]

因此，是社会在决定着我们将祖先与男性线抑或女性线联系在一起[④]，并且没有什么能够比下面这个事实更加有力地证明社会在组织人类世系中发挥的关键作用：父系关系乃是全世界最司空见惯的代际承继路径。毕竟，由于生物性的 68
父子关系始终有点不太确定，因此严格从父系来组织世系不可避免地是社会性的。其实，在整个自然界中，父子关系往

① Schusky, *Variation in Kinship*, pp. 53 – 54；Baker, *Chinese Family and Kinship*, pp. 107 – 111.

② Freeman, “On the Concept of the Kindred,” pp. 261, 265.

③ 也可参见 Northcote W. Thomas, *Kinship Organisations and Group Marriage in Australia* (New York: Humanities Press, 1966), pp. 3 – 4.

④ Alfred R. Radcliffe-Brown, “Patrilineal and Matrilineal Succession,” in *Structure and Function in Primitive Society* (New York: Free Press, 1965), pp. 32 – 48.

往极其无关紧要①，许多动物甚至浑然不知其生父是谁。要不是因为婚姻的制度化以及对于女性滥交有着严格的社会禁忌（这显然是为了增强父亲的祖先正当性），人类很可能也是如此。虽然有些文化对父子关系确实相当漠不关心，基本上选择恪守按母系制度来组织世系，然而近乎半数的人类社会却走向了另一个极端，正式提倡对女性线谱系的绝对失忆。② 例如，就构成《历代志（上）》前八章的圣经谱系而言，人们永远都无法猜到妇女在这种多代生育过程中扮演着多么无足轻重的角色。事实上，在严格父系式的世系制度中，女性在形式上并无子嗣！③

但不管是父系还是母系，均只牵涉其中一条祖先“线”，这完美地体现了我们组织世系的方式之社会本质。毕竟，只有社会才能让我们在母系与父系之间做出取舍，即只选择某条单一的谱系路径（而非等量齐观地利用它们），以使社会权利与义务代代相传。社会期望以最不含糊（因而最无争议）④ 的方式确保其结构连续性，而唯有这一期望

---

① Shoumatoff, *The Mountain of Names*, p. 31; Nancy Jay, *Throughout Your Generations Forever: Sacrifice, Religion, and Paternity* (Chicago: University of Chicago Press, 1992), p. 30.

② Shoumatoff, *The Mountain of Names*, p. 37. 也可参见 Freeman, "On the Concept of the Kindred," p. 262.

③ Jay, *Throughout Your Generations Forever*, p. 47. 也可参见 John R. Gillis, *A World of Their Own Making: Myth, Ritual, and the Quest for Family Values* (New York: Basic Books, 1996), p. 184; Katherine Verdery, *The Political Lives of Dead Bodies: Reburial and Postsocialist Change* (New York: Columbia University Press, 1999), p. 118.

④ Radcliffe-Brown, "Patrilineal and Matrilineal Succession," p. 47.

才能解释这样一个本质上残酷的要求：我们需要将几乎一半的祖先从记忆中抹掉。[①]

当然，并不是非得以一种严格单线的方式来组织代际承继不可。事实上，有些社会是以双线组织世系的，同时利用男性与女性的祖先。[②] 但我们到底是采用单一的还是双重的世系制度，显然是个社会性的决定。

四、“人类大家庭”

正如我在前面所言，我们的亲属感也可推而广之到整个人类。事实上，人尽皆知的“人类大家庭”不只是个隐喻[③]，这一点现在似乎已经再明白不过。在此星球上，我们

---

① 也可参见 Julie M. Gricar, “How Thick Is Blood? The Social Construction and Cultural Configuration of Kinship” (Ph. D. diss., Columbia University, 1991), p. 323; Johanna E. Foster, “Feminist Theory and the Politics of Ambiguity: A Comparative Analysis of the Multiracial Movement, the Intersex Movement and the Disability Rights Movement as Contemporary Struggles over Social Classification in the United States” (Ph. D. diss., Rutgers University, 2000), pp. 73 - 74.

② Talcott Parsons, “The Kinship System of the Contemporary United States,” in *Essays in Sociological Theory*, rev. ed. (New York: Free Press, 1964 [1943]), p. 184; Raymond Firth, “A Note on Descent Groups in Polynesia,” in *Kinship and Social Organization, edited by Paul Bohannan and John Middleton* (Garden City, N. Y.: American Museum of Natural History, 1968 [1957]), p. 219; Freeman, “On the Concept of the Kindred,” p. 271; Edmund Leach, “On Certain Unconsidered Aspects of Double Descent Systems,” *Man* 62 (1962): 132; Schusky, Variation in Kinship, pp. 26 - 39; Shoumatoff, *The Mountain of Names*, p. 34. 也可参见 Ayoub, “The Family Reunion,” p. 431.

③ 也可参见 Shoumatoff, *The Mountain of Names*, p. 244.

实际上“与其他任何人几乎都是近亲”[1]，亲近到我们只需在一棵家族树上便可描绘出我们整个物种之地步！

69 考古学和遗传学似乎都已经表明，我们显然是一个共同祖先的传人，只是到了相对晚近才分化为一个个看似彼此分离的“种族”。举例来说，亚洲人与欧洲人之间的谱系分裂似乎发生在约45000年前，甚至非洲人与非非洲人之间的谱系分裂很可能也不足10万年。[2] 因此，欧洲、亚洲、非洲、大洋洲、美洲现有人口的共同祖先可能生活在不到4000个世代以前[3]，如此一来，柬埔寨人、保加利亚人、墨西哥人等就都变成了一个“相对亲近的表亲群体”。[4]

我们相对晚近的共同起源鲜明地体现于我们巨大的遗传相似性上。尽管事实上黑猩猩与大猩猩在数量上远比我们少，它们在地理分布上也明显比我们更窄，然而它们之间的

---

① Murchie, *The Seven Mysteries of Life*, p. 351.

② William W. Howells, “The Dispersion of Modern Humans,” in *The Cambridge Encyclopedia of Human Evolution*, edited by Steve Jones et al. (Cambridge: Cambridge University Press, 1992), p. 400; Luigi L. Cavalli-Sforza and Francesco Cavalli-Sforza, *The Great Human Diasporas: The History of Diversity and Evolution* (Reading, Mass.: Addison-Wesley, 1995), pp. 121-23; Luigi L. Cavalli-Sforza, Paolo Menozzi, and Alberto Piazza, *The History and Geography of Human Genes*, abridged pbk. ed. (Princeton, N. J.: Princeton University Press, 1996), p. 94; Nicholas Wade, “To People the World, Start With 500,” *New York Times*, 11 November 1997, sec. F, p. 3; Luigi L. Cavalli-Sforza, *Genes, Peoples, and Languages* (New York: North Point Press, 2000), pp. 60-63; Nicholas Wade, “The Human Family Tree: 10 Adams and 18 Eves,” *New York Times*, 2 May 2000, sec. F, pp. 1-5; Nicholas Wade, “The Origin of the Europeans,” *New York Times*, 14 November 2000, sec. F, pp. 1-9.

③ 也可参见 Lewontin, *Human Diversity*, pp. 161-162.

④ Dawkins, *River out of Eden*, p. 52.

遗传差异却远远大于瑞典人与尼日利亚人之间的遗传差异或者萨摩亚人与亚美尼亚人之间的遗传差异。[①] 事实上，我们99.9%的基因与任何其他人类的基因完全相同[②]，而在色素沉着或眼睛形状等方面的表皮差异乃是相对晚近的环境适应产物，毫无生物学意义。[③] 由此可见，我们是一个相当同质化的"遗传兄弟会"[④] 之一部分，它几乎囊括了这个星球上的每一个人：

> 人类看起来可能各不相同，但在我们各自的肤色之下……我们的基本生物构造却相当稳定不变。我们都同为一个非常年轻的物种之成员，我们的基因泄露了此秘密。[⑤]

五万年前那些发现澳大利亚的人的子孙后代、一万

---

① 参见 Alan R. Rogers and Lynn B. Jorde, "Genetic Evidence on Modern Human Origins," *Human Biology* 67 (1995): 21 - 22; Christopher Stringer and Robin McKie, *African Exodus: The Origins of Modern Humanity* (New York: Henry Holt, 1997), pp. 116, 182.

② Rebecca L. Cann, Mark Stoneking, and Allan C. Wilson, "Mitochondrial DNA and Human Evolution," *Nature* 325 (1987): 31 - 36; Maryellen Ruvolo et al., "Mitochondrial COII Sequences and Modern Human Origins," *Molecular Biology and Evolution* 10 (1993): 1115 - 1135; Rogers and Jorde, "Genetic Evidence on Modern Human Origins," p. 25; Johanson and Edgar, *From Lucy to Language*, p. 56; Natalie Angier, "Do Races Differ? Not Really, Genes Show," *New York Times*, 22 August 2000, sec. F, p. 6.

③ Cavalli-Sforza F. and Cavalli-Sforza L. L., *The Great Human Diasporas*, pp. 114 - 116, 123 - 125; Stringer and McKie, *African Exodus*, p. 162.

④ Angier, "Do Races Differ?", sec. F, p. 1.

⑤ Stringer and McKie, *African Exodus*, p. 117. 也可参见 Angier, "Do Races Differ?", sec. F, p. 1.

> 两千年前那些涌入美洲的部落的子孙后代，以及欧洲、非洲、亚洲所有其他定居者的子孙后代……统统都是那些在我们的进化时钟上几分钟前才从其家园里冒出来的非洲人的子孙后代。他们可能已经……发展出了表面变异，但我们这个物种从根本上说仍几无分化。在其他国家的邻居看来，我们可能显得异国情调或者古里古怪，但若是从基因上判断，我们大家都惊人地相似。①

事实上，当今科学家已广泛接受所有人类都是从某个共同祖先一脉相承而来的一元论，但仍有一些人类学家在鼓吹一种
70 另类的多元论叙事，这种叙事基本上将各种人类“种族”归因于截然不同的祖先。这场围绕不同“种族”的谱系身份的记忆之争可追溯至文艺复兴时期，当时一些学者将新“发现”的美洲原住民鉴定为亚当与夏娃的后裔，并由此将“种族”分裂追溯至诺亚的儿子们。然而，包括帕拉塞尔苏斯、沃尔特·雷利、乔尔丹诺·布鲁诺在内的其他学者则坚

① Stringer and McKie, *African Exodus*, p. 177.

持认为，他们乃是一些圣经之外的原人“前亚当人”的后裔。[①] 在19世纪，随着欧洲人接触的人类多样性开始扩大，这种多元论的人类历史观后来被乔装打扮成了现代的动物分类学语言，一个最突出的体现便是声称形形色色的“种族”实际上构成了不同的种（乃至属）![②]

种族主义在多元论中始终扮演着举足轻重的角色。作为20世纪20年代多元论的主要支持者，亨利·费尔菲尔德·奥斯本贵为国际优生学大会的主席。[③] 而声称黑人与白人实际上构成了两个不同物种的爱德华·朗，则是一名反废奴主义者。[④] 这两个“种族”泾渭分明的世系也一直是分离主义

① George W. Stocking, "French Anthropology in 1800," in *Race, Culture, and Evolution: Essays in the History of Anthropology* (New York: Free Press, 1968 [1964]), p. 39; George W. Stocking, "The Persistence of Polygenist Thought in Post-Darwinian Anthropology," in *Race, Culture, and Evolution: Essays in the History of Anthropology* (New York: Free Press, 1968), pp. 44 - 45; McCown and Kennedy, *Climbing Man's Family Tree*, p. 32; Richard H. Popkin, "The Pre-Adamite Theory in the Renaissance," in *Philosophy and Humanism: Renaissance Essays in Honor of Paul Oskar Kristeller*, edited by Edward P. Mahoney (New York: Columbia University Press, 1976), pp. 57 - 58, 66 - 69; Peter J. Bowler, *The Invention of Progress: The Victorians and the Past* (Oxford: Basil Blackwell, 1989), p. 107; Clive Gamble, *Timewalkers: The Prehistory of Global Colonization* (Cambridge, Mass.: Harvard University Press, 1994), p. 25; Benjamin Braude, "The Sons of Noah and the Construction of Ethnic and Geographical Identities in the Medieval and Early Modern Periods," *The William and Mary Quarterly*, 3d ser., 54 (1997): 103 - 142.

② Nancy Stepan, *The Idea of Race in Science: Great Britain 1800 - 1960* (Hamden, Conn.: Archon Books, 1982), p. 29; Peter J. Bowler, *Theories of Human Evolution: A Century of Debate*, 1844 - 1944 (Baltimore: Johns Hopkins University Press, 1986), pp. 127, 140; Ian Tattersall and Jeffrey H. Schwartz, *Extinct Humans* (Boulder, Colo.: Westview, 2000), p. 20.

③ Bowler, *Theories of Human Evolution*, p. 127.

④ Stepan, *The Idea of Race in Science*, p. 29.

者所谓的非洲中心论话语中的重要主题。[①]

阿蒂尔·德·戈比诺声称，“种族”差异实际上在“创世之后立刻”[②] 就得到了解决（更别提原人“前亚当人”这一概念本身了），由此可见，多元论的其中一个独到的社会记忆特征便是，它显然需要将“种族”分裂从时间上回溯得尽可能遥远！这种分裂被赋予的古老性愈大，人们关于不同“种族”之间确确实实彼此分离的看法则愈有说服力。[③] 事实上，人们试图将不同“种族”之间的谱系分裂“向后”倒推的距离远近可以极大地揭示其种族主义的情感强度，因为人们的共同祖先愈晚近，彼此之间则必然会显得不太遥远。

我们的类人祖先的进化观之所以被多元论者热切追捧，是因为这些进化观显然有助于他们在各个“种族”之间建构出或多或少“更安全”的谱系缓冲区。早在 1864 年，卡尔·沃格特便提出，人类相当独立地由不同物种的类人猿进化而来，这个“串并联”的观点[④]使多元论者得以将每个“种族”与一种截然不同的类人猿联系在一起，这一点也鲜明地体现于赫尔曼·克拉施和弗朗西斯·格雷厄姆·克鲁克

---

① Howe, *Afrocentrism*, pp. 73 – 74, 227, 271.

② Arthur de Gobineau, *The Inequality of Human Races* (New York: Howard Fertig, 1967), p. 137. 也可参见 pp. 139 – 140; Howe, *Afrocentrism*, pp. 73 – 74.

③ 也可参见 Stepan, *The Idea of Race in Science*, p. 106; Bowler, *Theories of Human Evolution*, pp. 127 – 28, 131; Bowler, *The Invention of Progress*, p. 120.

④ Carl Vogt, *Lectures on Man: His Place in Creation and in the History of the Earth* (London: Longman, Green, Longman, and Roberts, 1864), pp. 172, 214, 222, 401 – 404, 440, 465 – 467.

香克关于本质上分离的种群观当中，这些种群分别促使猩猩 71
和大猩猩走向了亚裔现代人和非裔现代人。①

现代版本的多元论基本上是受弗兰兹·魏敦瑞的思想——各“种族”由直立人的几个不同地区变种平行进化而来——的启发，然后再由卡尔顿·库恩对五个看似各不相同、据说由那些变种独立进化而来的人类亚种的实际描绘而加以普及。② 现代版本的多元论实际上也经常被称作人类进化的“烛台”模式。③ 它从根本上把谱系连续性限定于不同

---

① Hermann Klaatsch, *The Evolution and Progress of Mankind* (New York: Frederick A. Stokes, 1923), pp. 105 - 106, 269 - 284; Bowler, *Theories of Human Evolution*, pp. 135 - 137, 141. See also Paul Topinard, *Anthropology* (London: Chapman & Hall, 1878), pp. 510 - 511, 518; Stocking, "The Persistence of Polygenist Thought in Post-Darwinian Anthropology," pp. 57, 63, 68; Stepan, *The Idea of Race in Science*, pp. 106 - 108; Bowler, *The Invention of Progress*, p. 119.

② Franz Weidenreich, "Facts and Speculations concerning the Origin of Homo sapiens," in *Climbing Man's Family Tree: A Collection of Major Writings on Human Phylogeny, 1699 to 1971*, edited by Theodore D. McCown and Kenneth A. R. Kennedy (Englewood Cliffs, N. J.: Prentice-Hall, 1972 [1947]), pp. 351 - 353 (页码引自重印版); Carleton S. Coon, *The Origin of Races* (New York: Alfred A. Knopf, 1962), pp. 335, 371 - 587. 也可参见 the figures in Howells, "The Dispersion of Modern Humans," p. 392; Göran Burenhult, "Modern People in Africa and Europe," in *The First Humans: Human Origins and History to 10,000 B. C.*, edited by Göran Burenhult (New York: HarperCollins, 1993), p. 80.

③ Howells, "The Dispersion of Modern Humans," p. 390; Burenhult, "Modern People in Africa and Europe," p. 80; Colin Groves, "Human Origins," in *The First Humans: Human Origins and History to 10,000 B. C.*, edited by Göran Burenhult (New York: HarperCollins, 1993), p. 49; Ian Tattersall, *The Fossil Trail: How We Know What We Think We Know about Human Evolution* (New York: Oxford University Press, 1995), p. 214. 也可参见 Bowler, *Theories of Human Evolution*, pp. 55 - 56, 127, 140, 188; Bowler, *The Invention of Progress*, p. 119.

区域之内，因而通常被叫做“（多）地区连续理论”。[1] 从图15 中，我们可以看到，虽然一元论者声称我们均由原始非洲人类相传而来，但多地区论者则认为“种族”的分裂早于智人的进化（“我们的种族比我们的物种更古老”）[2]，不同的“种族”实际上是由截然不同的原始人类的地区变体相传而来的。

72

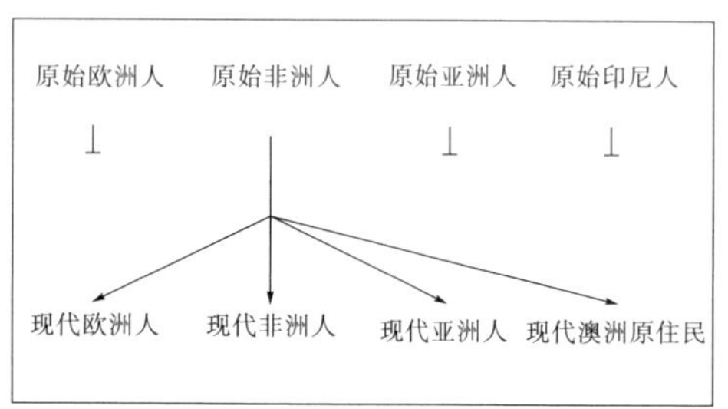

(a)

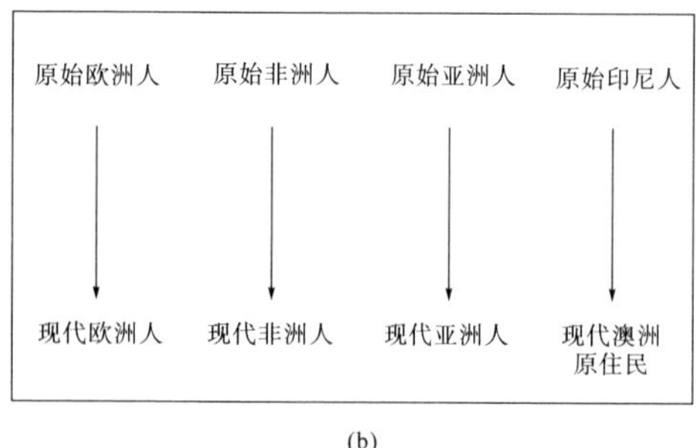

(b)

图 15　一元论（a）与多元论（b）的人类世系观

---

① Alan G. Thorne and Milford H. Wolpoff, “Regional Continuity in Australasian Pleistocene Hominid Evolution,” *American Journal of Physical Anthropology* 55 (1981): 341 - 342. 也可参见 Milford H. Wolpoff et al., “Modern Human Origins,” *Science* 241 (1988): 772 - 773.

② Coon, *The Origin of Races*, p. 37. 也可参见 p. viii.

围绕人类起源的“种族”分裂展开的记忆之争当然影响着我们的亲属观念。与当今大多数科学家的看法形成鲜明对照的是，多地区论者所想象的东亚谱系与澳大利亚谱系需要上溯至一百多万年前直立人从非洲向东迁徙，而不是上溯至不足10万年前的智人。① 澳大利亚原住民究竟是八万年前从非洲迁徙而来的智人的后代，还是一百多万年前从现代欧洲人的祖先线中分裂而来的直立人的印尼变种之后代，这绝不是在斤斤计较，因为这将无可避免地决定他们究竟是我的第3000代表亲，还是第4万代“表亲”。

图15也凸显了直系祖先与准祖先之间的根本区别。我们可以事实上自称是前者的后代，而后者则是我们家族树上的“死胡同”分支，未留下至今还存活着的后代，譬如当今关于我们起源的一元论叙述中的所有非非洲原始人类便是如此。复线性质的进化明确强调了灭绝无所不在：

> 那种声称这个或那个化石物种乃是我们的直接始祖的举动，折射出了一种过时的观念：进化呈严格的线性，一切化石形式必须与从过去到现在的单一序列中的某个位置相适配。事实上，进化通过一个反复分支化的过程而发生，其中大多数分支迅速走向灭绝。[因此，存在]许多从一个共同祖先衍生出来的平行进化线，可能只有某条进化线在遥远的未来还有所表现……而其他进化线

① Thorne and Wolpoff, “Regional Continuity in Australasian Pleistocene Hominid Evolution,” p. 337. 也可参见 Tattersall, *The Fossil Trail*, p. 216.

均已灭绝。[①]

正如一元论与多元论之间的记忆之争所证明的那样，问题在于，并不总是能够轻而易举地将实际上的曾祖父母与那些作为准祖先的曾叔伯、曾姑母区分开来，而后者甚至未能给我
73 们留下任何表亲。著名遗传史学者文森特·萨里奇曾经说过：“我清楚自己的分子拥有祖先。古生物学家只能冀望其化石拥有后代！”[②]

鉴于原始人中的人属与南方古猿属之间在谱系关系上悬而未决的性质，因此，搞不清楚著名的“露西”究竟是我的曾祖母抑或曾姑母。尽管“露西”的发现者唐纳德·约翰逊声称，她所属的物种（南方古猿阿法种）乃是人属祖先，然而其他许多人却认为，这只不过是一条最终走向了死胡同的旁支。[③] 类似的论争也在围绕我们自己的物种（智人）与人属的其他特殊变种之间谱系关系的准确性质而唇枪舌剑。尽管当今的人类学家大多认为，直立人在东亚和东

---

① Lewontin, *Human Diversity*, p. 164.

② John Gribbin, "Human vs. Gorilla: The 1% Advantage," *Science Digest 90* (August 1982): 74. 也可参见 Jerold Lowenstein and Adrienne Zihlman, "The Invisible Ape," *New Scientist*, 3 December 1988, p. 57.

③ Bowler, *Theories of Human Evolution*, p. 245; Bernard A. Wood, "Evolution and Australopithecines," in *The Cambridge Encyclopedia of Human Evolution*, edited by Steve Jones et al. (Cambridge: Cambridge University Press, 1992), p. 240; Groves, "Human Origins," pp. 50 - 51; Gamble, *Timewalkers*, p. 53; Tattersall and Schwartz, *Extinct Humans*, pp. 116, 244. 也可参见 John Reader, *Missing Links: The Hunt for Earliest Man* (Boston: Little, Brown, & Co., 1981), pp. 192 - 194, 212 - 213; Lewontin, *Human Diversity*, pp. 163 - 164.

南亚的变种只是未能留下存活后代的曾叔伯们[1]，但多地区论者断然拒绝这一看法。同样，所谓的尼安德特人一度被公认为我们的直系祖先，而如今则被认为只是我们的家族树上一条最终走向了灭绝的旁支。[2] 唯有企图从谱系上拉开自己与所谓“劣等他者”之间的距离这一明显需求，才能够解释英国人和法国人为什么会如此慷慨地将尼安德特祖先分别“赏给”爱尔兰人和德国人。[3]

五、类人猿与葡萄

不过，我们的亲属感无须仅仅局限于原始人类。事实上，只有某种严重的谱系近视，才会让我们停止从生物学中通常称作“科”的分类学单位的层次上去寻“亲”。

1699年，爱德华·泰森首次报告了对一只黑猩猩的解剖结果。他发现，黑猩猩与人之间——而非与猴子之间——

---

① Bowler, *Theories of Human Evolution*, p. 35; Stephen J. Gould, *Wonderful Life: The Burgess Shale and the Nature of History* (New York: W. W. Norton, 1989), p. 319; Groves, "Human Origins," pp. 49 – 51; Dawkins, *River out of Eden*, p. 53.

② Michael Hammond, "The Expulsion of the Neanderthals from Human Ancestry: Marcellin Boule and the Social Context of Scientific Research," *Social Studies of Science* 12 (1982): 1 – 36; Bowler, *Theories of Human Evolution*, pp. 75 – 111. 也可参见 Gould, *Wonderful Life*, pp. 29 – 31; Bowler, *The Invention of Progress*, pp. 101 – 102, 121, 124 – 127; Tattersall and Schwartz, *Extinct Humans*, p. 244.

③ 参见 Bowler, *The Invention of Progress*, p. 122.

有着更加惊人的解剖学相似性。[①] 之后，约翰·雷在现代早期的一次生物分类尝试中，将类人猿鉴定为“人形的”[②]，我们与类人猿之间的生物亲缘关系由此得到了正式的科学承认。“人形的”这一术语很快被伟大的分类学家卡洛勒斯·林奈采纳，他将人和类人猿都置于同一个动物目之内，他后来又将此目更名为“灵长目”。实际上，他甚至将两者都置于同一个属内，将他称之为“智人”的物种说成一个变种，
74 而将“穴居人”（包括猩猩和黑猩猩在内）说成另一个变种！[③] 在一篇题为《人类表亲》的文章中，林奈还将类人猿称为我们的“至亲”。[④]

但这种亲缘关系尚未被明确地历史化。将一切生命形式都视作“存在巨链”中的互连环这一经典看法仍缺少了一个清晰的时间维度。[⑤] 甚至早在18世纪50年代，德尼·狄德罗便声称，物种实际上是历史地进化的，而乔治·布丰甚至

---

① Tattersall, *The Fossil Trail*, p. 4. 也可参见 Ramona Morris and Desmond Morris, *Men and Apes* (New York: Bantam, 1968), p. 145.

② Tattersall and Schwartz, *Extinct Humans*, p. 22.

③ Tattersall, *The Fossil Trail*, p. 4; Harriet Ritvo, "Border Trouble: Shifting the Line between People and Other Animals," *Social Research* 62 (1995): 484; Tattersall and Schwartz, *Extinct Humans*, pp. 23 – 24.

④ Arthur O. Lovejoy, *The Great Chain of Being: A Study of the History of an Idea* (Cambridge, Mass.: Harvard University Press, 1936), p. 234.

⑤ Ibid., pp. 24 – 241. 也可参见 McCown and Kennedy, *Climbing Man's Family Tree*, p. 6; Stepan, *The Idea of Race in Science*, p. 13.

利用谱系表来勾勒不同品种的狗之间的相互关系[①]，但这种可突变性仍被认为是严格发生于种内的。在 1766 年彼得·西蒙·帕拉斯的一个举动中，也隐含着种内嬗变的观念：他试图通过画一棵树来描绘不同生物之间的亲缘关系，不过树上仍不包含人类。[②]

1809 年，伟大的博物学家让－巴蒂斯特·拉马克首次明确地历史化了我们与其他动物之间的亲缘关系。他不仅认识到物种的可突变性，而且还假定它们可以蜕变为其他物种："在经过漫长的世代相传以后，这些起初属于同一物种的个体，最终转变为了某个新的物种。"[③] 尽管其措辞是附带条件的，但他特别指出了我们与类人猿之间的谱系连结性：

> 假如某个种族的四趾动物……放弃……那种像用手一样地用脚爬树和抓树枝的习惯；……假如该种族的个体在一连串世代中都被迫只能靠双脚行走，而不把手当脚来使……那么**这些四趾动物最终便会变成双趾动**

① Lester Crocker, "Diderot and Eighteenth Century French Transformism," in *Forerunners of Darwin: 1745 - 1859*, edited by Bentley Glass et al. (Baltimore: Johns Hopkins University Press, 1959), pp. 129 - 131; McCown and Kennedy, *Climbing Man's Family Tree*, p. 12. 也可参见 Lovejoy, The Great Chain of Being, pp. 278 - 279.

② Rulon Wells, "The Life and Growth of Language: Metaphors in Biology and Linguistics," in *Biological Metaphor and Cladistic Classification: An Interdisciplinary Perspective*, edited by Henry M. Hoenigswald and Linda F. Wiener (Philadelphia: University of Pennsylvania Press, 1987), p. 73.

③ Jean-Baptiste Lamarck, *Zoological Philosophy: An Exposition with Regard to the Natural History of Animals* (New York: Hafner, 1963), p. 39.

> 物。……此外，假如我所说的这些个体因受到想要掌控一个远大视野的欲望的驱使，而努力站直身子，并一代代地不断养成此习惯……那么它们的脚便会逐渐获得一种适合支撑直立身体的形状。[①]

拉马克关于我们与其他动物之间关系的谱系看法极具影响力，而及至19世纪50年代，其他欧洲学者也在假定，我们可能是类人猿的子孙后代。[②] 在1844年出版的畅销书《自然创造史的遗迹》中，罗伯特·钱伯斯明确地描绘了不同物种之间如何"相互孕育"并最终造就人类的过程。[③] 他在该书第十四版中声称，阿图尔·叔本华、约翰·斯图亚特·密尔、亚伯拉罕·林肯、维多利亚女王等人都是其读者。[④]

75 随后，在1859年出版的《物种起源》中，查尔斯·达尔文提出一个明确从谱系角度来加以表述的完备的自然理论。他声称，自然系统建立在世系基础之上，因而"呈谱

---

① Ibid.,p.170.强调为笔者所加。也可参见pp.172－173.

② Owsei Temkin,"The Idea of Descent in Post-Romantic German Biology:1848－1858," in *Forerunners of Darwin:1745－1859*, edited by Bentley Glass et al.(Baltimore:Johns Hopkins University Press,1959),pp.342－351; Arthur O. Lovejoy,"The Argument for Organic Evolution before the Origin of Species, 1830－1858," in *Forerunners of Darwin*:1745－1859, edited by Bentley Glass et al.(Baltimore:Johns Hopkins University Press,1959),pp.356－414; Tattersall, *The Fossil Trail*, p.13.

③ Robert Chambers, *Vestiges of the Natural History of Creation* (Chicago:University of Chicago Press,1994),pp.219,234.

④ Bowler, *The Invention of Progress*, pp.89－91,139－143; James A. Secord, *Introduction to Vestiges of the Natural History of Creation*, by Robert Chambers (Chicago:University of Chicago Press,1994),pp.ix－x.

系排列”。[①] 各种生命形式共享同一个祖先，并由此构成一个“世系群落”。[②] 这一谱系的旨趣还体现在，达尔文大量运用分支系统学的意象以描述生物多样化：他基本上将各种各样的物种都想象为从某个共同祖先那里分化而来[③]，并将物种间的关系明确说成表亲关系。[④]

许多读者想必立刻会领悟到，达尔文的理论对于我们自身这个物种的进化具有显豁的意涵[⑤]，但他本人倒并未在书中明确做出那种在心理学和神学意义上都富有挑衅意味的推论。事实上，到1866年，恩斯特·海克尔才最终在达尔文的论点中，增添了那个明显缺失的人类视角。因此，海克尔对于我们与所有其他生物之间谱系关系的明确论述，再加上他利用进化树对我们的整个生物谱系（或曰系统演化）所

---

① Charles Darwin, *The Origin of Species* (New York: Mentor Books, 1958), pp. 391 - 392. 也可参见 p. 393; Charles Darwin, *The Descent of Man and Selection in Relation to Sex* (Amherst, N. Y.: Prometheus, 1998), pp. 153 - 155.

② Darwin, *The Origin of Species*, pp. 391, 394 - 395. 也可参见 Robert J. Richards, *The Meaning of Evolution: The Morphological Construction and Ideological Reconstruction of Darwin's Theory* (Chicago: University of Chicago Press, 1992), p. 165; Tattersall, *The Fossil Trail*, p. 19; Peter J. Bowler, *Life's Splendid Drama: Evolutionary Biology and the Reconstruction of Life's Ancestry*, 1860 - 1940 (Chicago: University of Chicago Press, 1996), pp. 41, 51; Tattersall and Schwartz, *Extinct Humans*, p. 44.

③ Darwin, *The Origin of Species*, pp. 114 - 122. 也可参见 Richards, *The Meaning of Evolution*, pp. 110 - 111.

④ Darwin, *The Origin of Species*, p. 391.

⑤ Bowler, *Theories of Human Evolution*, p. 2.

做的描绘[1]，最戏剧性地传播了拉马克当初的观点，即我们与自然界中其他部分之间存在历史关联。

海克尔在重构我们的系统演化时还假设，存在一种将我们与类人猿连结在一起的古代过渡形态，由此为其人类历史谱系观引入了一个至关重要的因素："缺失环节"。事实上，正是关于这样一个环节——他命名为"猿人"[2] ——的看法，在激励他通过实际的考古去找寻其遗骸。1891 年，尤金·杜布瓦最终发掘出了所谓的爪哇人的著名化石，他认为爪哇人代表的物种填补了人类与类人猿之间那个"串联中的空白"，甚至将其命名为直立猿人以纪念海克尔。[3]

达尔文本人在拜读海克尔的著作后，致信海克尔，信中写道："您论述……动物界谱系的章节充满真知灼见，令在下佩服之至。您的大胆不时令我为之一振，但……总得有人

① Ernst Haeckel, *The Evolution of Man: A Popular Exposition of the Principal Points of Human Ontogeny and Phylogeny* (New York: D. Appleton, 1879 [1874]), p. 102; Ernst Haeckel, *Anthropogenie oder Entwickelungsgeschichte des Menschen* (Leipzig: Wilhelm Engelmann, 1874), p. 496; Stephen J. Gould, *Ontogeny and Phylogeny* (Cambridge, Mass.: Harvard University Press, 1977), pp. 76 – 77; Jane M. Oppenheimer, "Haeckel's Variations on Darwin," in *Biological Metaphor and Cladistic Classification: An Interdisciplinary Perspective*, edited by Henry M. Hoenigswald and Linda F. Wiener (Philadelphia: University of Pennsylvania Press, 1987), p. 124; Bowler, *The Invention of Progress*, p. 155; Gould, *Wonderful Life*, p. 263; Bouquet, "Family Trees and Their Affinities," p. 57; Johanson and Edgar, *From Lucy to Language*, p. 37.

② Reader, *Missing Links*, p. 40. 也可参见 Tattersall, *The Fossil Trail*, pp. 28 – 29.

③ Reader, *Missing Links*, pp. 41, 47 – 48, 50; Tattersall, *The Fossil Trail*, pp. 35 – 36; Johanson and Edgar, *From Lucy to Language*, p. 187.

足够大胆地着手绘制世系表。”[1] 事实上，达尔文在1871年出版的《人类的由来》的绪论中也坦承，倘若自己当初就拜读了海克尔的书，他甚至可能不会再费心劳神地撰写本书！[2] 这一次，达尔文确实相当明白地论及我们与其他动物之间的谱系关系，他言之凿凿地声称，“是人形亚群中的某
个古代成员孕育了人类”，因此人类“与其他哺乳动物为同 76
一先祖的子孙后代”。[3]

在断言我们与类人猿之间的谱系亲缘关系时，拉马克、海克尔、达尔文都基本上秉持严格的形态学证据。而在20世纪60年代，他们的看法获得进一步支持，此时莫里斯·古德曼因受到早期研究发现——人类与黑猩猩、大猩猩在血液上近似——的启发[4]，开始着手比较他们的血蛋白分子结构。由于蛋白质结构可以反映遗传结构，使之得以测量实际的遗传距离，并由此证实了托马斯·赫胥黎于1863年提出的一个著名论调，即非洲猿比其亚洲表亲（猩猩和长臂猿）在生物学上更接近于人。[5] 而更令人震惊的则是，他还不经

---

① Adrian Desmond, *Archetypes and Ancestors: Palaeontology in Victorian London 1850 - 1875* (Chicago: University of Chicago Press, 1984), pp. 156 - 157.

② Darwin, *The Descent of Man*, p. 3.

③ Ibid., pp. 160, 630.

④ George H. Nuttall, *Blood Immunity and Blood Relationship: A Demonstration of Certain Blood-Relationships amongst Animals by Means of the Precipitin Test for Blood* (Cambridge: Cambridge University Press, 1904), pp. 1 - 4, 319. 也可参见 Tattersall, *The Fossil Trail*, pp. 122 - 123.

⑤ Thomas H. Huxley, *Evidence as to Man's Place in Nature* (Ann Arbor: University of Michigan Press, 1959), p. 123. 也可参见 pp. 83 - 86.

意地发现，黑猩猩在遗传学意义上比大猩猩更接近于人![1]

事实上，我们跟黑猩猩共享着 98.4% 的 DNA（脱氧核糖核酸）。[2] 如此显著的生物亲缘关系，既因为也证明了我们相对晚近才从共同祖先中分裂出来，以至于尚无足够的时间去经历显著的遗传变异。毕竟，“如果说黑猩猩与人之间如此相似，那么我们各自独立进化的时间则不可能太长”[3]。事实上，我们可以通过测量二者之间的遗传距离来断定其实际分裂时间。1967 年，文森特·萨里奇、艾伦·威尔逊设计出一个“分子钟”，通过比较人与黑猩猩体内都具有的某种蛋白质的分子成分，估算出使两者相区别的遗传突变数

---

① Morris Goodman, "Serological Analysis of the Systematics of Recent Hominoids," *Human Biology* 35 (1963): 399 - 400; Morris Goodman, "Reconstructing Human Evolution from Proteins," in *The Cambridge Encyclopedia of Human Evolution*, edited by Steve Jones et al. (Cambridge: Cambridge University Press, 1992), pp. 307 - 308. 也可参见 Vincent Sarich and Allan C. Wilson, "Immunological Time Scale for Hominid Evolution," *Science* 158 (1967): 1200 - 1203; Lowenstein and Zihlman, "The Invisible Ape," pp. 56 - 57; Vincent Sarich, "Immunological Evidence on Primates," in *The Cambridge Encyclopedia of Human Evolution*, edited by Steve Jones et al. (Cambridge: Cambridge University Press, 1992), p. 306; Charles G. Sibley, "DNA-DNA Hybridisation in the Study of Primate Evolution," in *The Cambridge Encyclopedia of Human Evolution*, edited by Steve Jones et al. (Cambridge: Cambridge University Press, 1992), p. 313; Johanson and Edgar, *From Lucy to Language*, pp. 30 - 32.

② Goodman, "Reconstructing Human Evolution from Proteins," p. 310; Jared Diamond, *The Third Chimpanzee: The Evolution and Future of the Human Animal* (New York: HarperCollins, 1992), p. 23; Johanson and Edgar, *From Lucy to Language*, pp. 32, 111.

③ Stringer and McKie, *African Exodus*, p. 21. 也可参见 Gribbin, "Human vs. Gorilla," p. 73; Sarich, "Immunological Evidence on Primates," pp. 304 - 305.

目，这样便可帮助我们计算两者已经分裂了多长时间。[①] 不用说，分子成分愈相似，两者彼此分裂则必定愈晚近。在这种计算的基础上，即可重构我们的“分子家族树”[②]，如今我们想象出了这么一根共同祖先的茎干：约800万年前，从中分化出了大猩猩，然后很可能是在约100万年或200万年后，又从中分化出了黑猩猩。[③]

总而言之，如今我们估计人与类人猿之间的分野只不过六七百万年，而在此之前“我们与他们的DNA都寄居于相同的细胞当中”[④]。同时，可以预见的是，对于坚信我们拥有区别于其他动物的独特性的任何人而言，这种相对较短的谱系距离似乎都构成了一种威胁。“尽可能久远地追溯自己的起源，乃是人类将自己与自然界中其他部分区别开来的方

---

① Cavalli-Sforza and Cavalli-Sforza, *The Great Human Diasporas*, pp. 34 – 37; Tattersall, *The Fossil Trail*, pp. 124 – 125; Cavalli-Sforza, *Genes, Peoples, and Languages*, p. 78.

② Lowenstein and Zihlman, "The Invisible Ape," p. 59.

③ Sarich and Wilson, "Immunological Time Scale for Hominid Evolution," p. 1202; Lowenstein and Zihlman, "The Invisible Ape," pp. 57 – 59; Goodman, "Reconstructing Human Evolution from Proteins," p. 308; Sarich, "Immunological Evidence on Primates," pp. 305 – 306; Jay Kelley, "Evolution of Apes," in *The Cambridge Encyclopedia of Human Evolution*, edited by Steve Jones et al. (Cambridge: Cambridge University Press, 1992), p. 230; Adrian E. Friday, "Human Evolution: The Evidence from DNA Sequencing," in *The Cambridge Encyclopedia of Human Evolution*, edited by Steve Jones et al. (Cambridge: Cambridge University Press, 1992), p. 320; Diamond, *The Third Chimpanzee*, p. 24; Groves, "Human Origins," p. 43; John N. Wilford, "A Fossil Unearthed in Africa Pushes Back Human Origins," *New York Times*, 11 July 2002, sec. A, pp. 1, 12.

④ Gribbin and Cherfas, *The Monkey Puzzle*, p. 29.

式之一。"[①] 多亏萨里奇和威尔逊的研究发现，如今我们才
77 得以在集体记忆中极大地压缩对人类进化时间的估计，这种压缩显然对谱系缓冲区造成了侵蚀。谱系缓冲区一度帮助我们维持这种独特性幻象，而如今它当然也在帮助多元论者维持这种独特性幻象。

不过，我们的寻亲甚至大可不必止步于此。在"目"的分类学层次上，我的谱系关系仍局限于大猩猩、黑猩猩之类的其他灵长目动物，而在"纲"的层次上，这种关系则会进一步扩展至诸如猪、海豚、松鼠之类的其他哺乳动物。若再上升至"界"的层次上，甚至连鸭子、海龟、蝴蝶之类的其他动物也显然会成为我的远房"亲戚"。没错，当我们沿着时间不断回溯，我们的亲缘感会远远超出人与类人猿的范围，而把兔子、企鹅、青蛙、苍蝇乃至葡萄都囊括进来。[②] 从图 16[③] 中可见，我们的"表亲"观念其实应当囊括此星球上一切活着的生物！

六、语言与世系

为了不让我们盲从于生物本质主义的诱惑，需要指出的

---

① Ibid., p. 17. 也可参见 Johanson and Edgar, *From Lucy to Language*, p. 33.

② 也可参见 Murchie, *The Seven Mysteries of Life*, pp. 357 - 362; Goodman, "Reconstructing Human Evolution from Proteins," p. 311; Dawkins, *River out of Eden*, pp. 8, 12.

③ 也可参见 Cavalli-Sforza and Cavalli-Sforza, *The Great Human Diasporas*, p. 38.

是，甚至就连我们定义血缘的方式也会因文化与历史而各不相同。[①] 要想进一步理解文化对于我们如何理解自然带来的巨大影响，还需要指出的是：尽管存在图 16 中描绘的谱系现实，但我们中很少有人会真正将葡萄甚或青蛙视作“亲戚”。

78

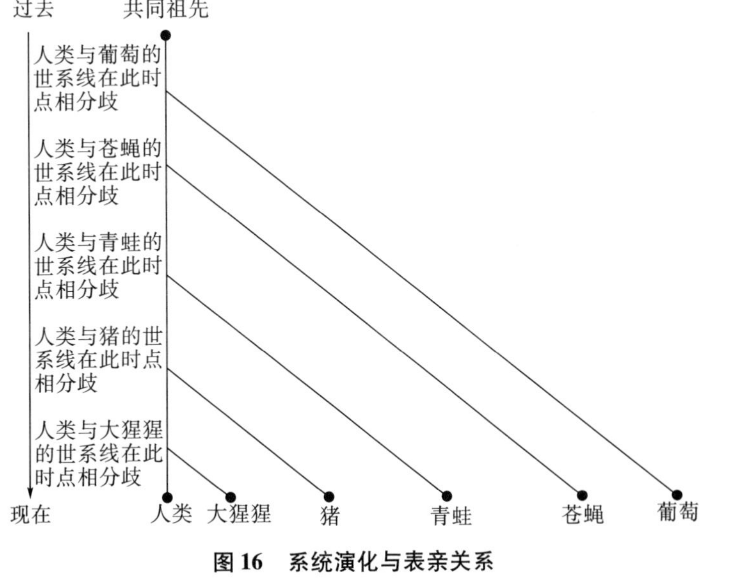

图 16　系统演化与表亲关系

由我们所集体想象出来的系统发生树并非简单地反映生物现实，它们从本质上说乃是我们对于生物的分类方式之产

① 参见 Morgan, *Systems of Consanguinity and Affinity*, p. 25; Jack Goody, *The Development of the Family and Marriage in Europe* (Cambridge: Cambridge University Press, 1983), pp. 136 - 138.

物，而此方式又显然立足于社会传统与分类惯例之上。[1] 因此，生物分类作为一种重构系统演化的行为，不可避免地影响着我们关于人类由来的社会记忆观。[2]

不妨想想我们对于人的定义方式。“随着时间不断后退，我们的前身与我们自己之间会变得愈来愈不相似，那么这些前身是在哪个点上才变成人的呢?”[3] 换言之，“原始人”是在哪个历史点上，突然就转变为发育健全之“人”?答案远不那么简单。毕竟，

> 在包容性的意义上使用“人类的”这个形容词……与在排他性的意义上使用它，都具有同样的正当性。……显然，该词的这两层意思是相互冲突的。……而如今，人类学家大多倾向于该词的包容性用法，以便能够将南方古猿以及后来的人类种群中的化石成员都囊

---

① 也可参见 E. Zerubavel, *The Fine Line*, pp. 61 – 80.

② 也可参见 George G. Simpson, "The Meaning of Taxonomic Statements," in *Naming Our Ancestors: An Anthology of Hominid Taxonomy*, edited by W. Eric Meikle and Sue T. Parker (Prospect Heights, Ill.: Waveland, 1994 [1963]), pp. 179 – 181; Colin P. Groves and Vratislav Mazák, "An Approach to the Taxonomy of the Hominidae: Gracile Villafranchian Hominids in Africa," in *Naming Our Ancestors: An Anthology of Hominid Taxonomy*, edited by W. Eric Meikle and Sue T. Parker (Prospect Heights, Ill.: Wave-land Press, 1994 [1975]), pp. 108 – 109; Robert Martin, "Classification and Evolutionary Relationships," in *The Cambridge Encyclopedia of Human Evolution*, edited by Steve Jones et al. (Cambridge: Cambridge University Press, 1992), pp. 17 – 18; W. Eric Meikle and Sue T. Parker, "Introduction: Names, Binomina, and Nomenclature in Paleoanthropology," in *Naming Our Ancestors: An Anthology of Hominid Taxonomy* (Prospect Heights, Ill.: Waveland Press, 1994), p. 9.

③ Tattersall, *The Fossil Trail*, p. 75.

> 括进来……但是其中的某一些恐怕难以从功能意义上被视作“人类的”。[①]

并且，是纯粹社会性的惯例在决定着我们是主要立足于解剖（习得直立姿势、拥有一个大的脑容量）、行为（利用工具、拥有语言）还是遗传来定义人。[②] 此外，我们往往未能意识到，人类化石在分类学上的实际身份既与生物学有关，也与语言有关。一些人类学家视作古代形态的智人化石，却被另一些人鉴定为高级形态的直立人，还有些人则将其鉴定为另一个截然不同的物种，命名为海德堡人或罗得西亚人——这个命名取决于遗骸发现地在欧洲还是非洲。[③] 事实上，甚至连人属也只是个惯例性的分类学类别，从一开始，对它的“定义便只是权宜性的”[④]。毕竟，“属并不像生殖隔离之于物种那样具有非任意性的标准可用”[⑤]，属本质上显然是惯 79

---

① Ibid.

② 参见，例如 Gamble, *Timewalkers*, pp. 148 – 76; Tattersall, *The Fossil Trail*, pp. 114 – 115; John N. Wilford, "When Humans Became Human," *New York Times*, 26 February 2002, sec. F, pp. 1, 5.

③ 参见，例如 Christopher Stringer, "Evolution of Early Humans," in *The Cambridge Encyclopedia of Human Evolution*, edited by Steve Jones et al. (Cambridge: Cambridge University Press, 1992), pp. 245 – 246; Gamble, Timewalkers, p. 135; Tattersall, The Fossil Trail, pp. 173 – 175.

④ Reader, *Missing Links*, p. 189.

⑤ Ernst Mayr, "The Taxonomic Evaluation of Fossil Hominids," in *Climbing Man's Family Tree: A Collection of Major Writings on Human Phylogeny*, 1699 *to* 1971, edited by Theodore D. McCown and Kenneth A. R. Kennedy (Englewood Cliffs, N. J.: Prentice-Hall, 1972), p. 380. 也可参见 p. 381; G. Simpson, "The Meaning of Taxonomic Statements," p. 180; Martin, "Classification and Evolutionary Relationships," p. 18.

例性的分类法之产物。因此，很可能是我们对于工具制造抱有普遍的文化偏见（更别提“类属优越性”了），才促使路易斯·利基将最早的石器制造者鉴定为能人，而非南方古猿[①]，但他的一些批评者则声称，前者只是后者的一种高级形态。[②] 事实上，当他儿子理查德后来将另一块化石鉴定为能人时，甚至连其合作者都坚持认为那是一只南方古猿![③]

分类的社会惯例显然也同样会影响到属的数量，而属的数量又跟人属一道构成了分类学上的“原始人”科。举例来说，人们至今尚不清楚，“纤细的”和“粗壮的”南方古猿到底只是南方古猿属的两种亚属形态，抑或可能是两个完全不同的属——南方古猿和傍人。[④] 尽管罗伯特·布鲁姆很快便将他在20世纪30年代最初鉴定为南方古猿特兰斯瓦种的化石更名为傍人粗壮种[⑤]，但有些人类学家仍拒不接受其后来指定的这个属，而从根本上认为傍人只是南方古猿下面的一种亚属形态（“粗壮的”）。

事实上，甚至就连我们对于真正区分人与类人猿的分类

---

① Tattersall, *The Fossil Trail*, pp. 114 - 115. 也可参见 Stringer, “Evolution of Early Humans,” p. 242; Stringer and McKie, *African Exodus*, pp. 32 - 33.

② Reader, *Missing Links*, p. 192. 也可参见 ibid., pp. 203, 223 - 226; Stringer, “Evolution of Early Humans,” p. 242; Gamble, *Timewalkers*, pp. 54 - 62.

③ Gamble, *Timewalkers*, p. 54.

④ 参见，例如 Wood, “Evolution and Australopithecines,” p. 231; Groves, “Human Origins,” pp. 50 - 51.

⑤ Robert Broom, “The Pleistocene Anthropoid Apes of South Africa,” in *Naming Our Ancestors: An Anthology of Hominid Taxonomy*, edited by W. Eric Meikle and Sue T. Parker (Prospect Heights, Ill.: Waveland Press, 1994), p. 68. 也可参见 p. 65.

学层次的指定也并不那么完备可靠。我们被从形式上划进了三个不同的科——人科、猿科、长臂猿科，这纯属一种惯例性的分类学安排。若是考虑到我们与大猩猩、黑猩猩之间极其密切的谱系关系，这一安排可能就值得认真反思。[①] 既然在我们与类人猿之间只隔着一道“狭窄的遗传裂缝”，而非一个广阔的“生物学深渊”[②]，那么我们便没有理由不把我们自己视作类人猿。[③] 同样，也没有任何生物学上令人信服的理由不将黑猩猩纳入人科。[④] 事实上，贾雷德·戴蒙德甚至将我们与黑猩猩都划在同一个属内，并从根本上声称我们“只是黑猩猩的第三物种”![⑤] 呼应达尔文的论调——“人类若非身为自己的分类者，绝不会想到要单辟一目，以接纳自己”[⑥]，他提醒我们，只有在我们以人类为中心时，我们才会认识不到这一点：人与黑猩猩之间微乎其微（1.6%）的遗传距离甚至比不同物种的长臂猿之间的遗传距离还要短。[⑦]

分类学争端典型地凸显了两个对照鲜明的分类学原则之

---

① Gribbin and Cherfas, *The Monkey Puzzle*, p. 28; Goodman, "Reconstructing Human Evolution from Proteins," p. 308.

② Stringer and McKie, *African Exodus*, p. 20. 也可参见 Gribbin and Cherfas, *The Monkey Puzzle*, p. 129.

③ Kelley, "Evolution of Apes," p. 223; Ritvo, "Border Trouble," p. 490.

④ Tattersall, *The Fossil Trail*, pp. 123, 126; Johanson and Edgar, *From Lucy to Language*, p. 40.

⑤ Diamond, *The Third Chimpanzee*, p. 23.

⑥ Darwin, *The Descent of Man*, p. 155.

⑦ Diamond, *The Third Chimpanzee*, pp. 23 – 25. 也可参见 Johanson and Edgar, *From Lucy to Language*, p. 32.

间无可避免的紧张关系：合并与细分。[①]

80 “主合派”强调同，从根本上淡化异，致使“分类滞涨”加剧。[②] 这一点明确地体现于下列举动当中：将傍人猿化约为只是南方古猿的一种亚属形态，将尼安德特人描述为只是智人的一个地区变体，乃至挑战人属与南方古猿属之间的惯常区分。[③] 反之，“主分派”则极力渲染尼安德特人与现代人之间的差异，并认为 40 万年前欧洲的原始人居民不是某种古老形态的智人，而是另一个不同物种（海德堡人）。[④] 他们也同样认为，南方古猿属与人属这两个分类学类别“高度膨胀”，进而基本上主张，由于二者内部显著的

---

① George G. Simpson, *Principles of Animal Taxonomy* (New York: Columbia University Press, 1961), pp. 137 - 139; Tattersall, *The Fossil Trail*, p. 96; Eviatar Zerubavel, "Lumping and Splitting: Notes on Social Classification," *Sociological Forum* 11 (1996): 421 - 433; Johanson and Edgar, *From Lucy to Language*, p. 52.

② Bowler, *Theories of Human Evolution*, p. 146. 也可参见 Ian Tattersall, "Species Recog-nition in Human Paleontology," in *Naming Our Ancestors: An Anthology of Hominid Taxonomy*, edited by W. Eric Meikle and Sue T. Parker (Prospect Heights, Ill.: Wave-land Press, 1994), pp. 244 - 45.

③ Ernst Mayr, "Taxonomic Categories in Fossil Hominids," in *Naming Our Ancestors: An Anthology of Hominid Taxonomy*, edited by W. Eric Meikle and Sue T. Parker (Prospect Heights, Ill.: Waveland Press, 1994 [1950]), pp. 152 - 155, 166; Mayr, "The Taxonomic Evaluation of Fossil Hominids," pp. 377, 382; Louis S. B. Leakey, P. V. Tobias, and J. R. Napier, "A New Species of the Genus Homo from Olduvai Gorge," in *Naming Our Ancestors: An Anthology of Hominid Taxonomy*, edited by W. Eric Meikle and Sue T. Parker (Prospect Heights, Ill.: Waveland Press, 1994 [1964]), p. 94.

④ Hammond, "The Expulsion of the Neanderthals from Human Ancestry," p. 3; Tattersall, "Species Recognition in Human Paleontology," pp. 246 - 250; Gamble, *Timewalkers*, p. 150; Tattersall, *The Fossil Trail*, pp. 219, 231.

形态变异性，显然需要再正式地引入一个“原始人属”。[①]

主分派为了帮助自己为横亘于不同“种类”的亲戚之间的心理鸿沟增添某种非此不可的光晕，往往会为这些集群中的每一个种类各指定一个名字。语言乃是一种非常有效的细分手段[②]，为不同的对象集合指定不同的名字会使之显得更加各各不同。譬如，运用诸如地中海人、欧洲人之类的分类学标签[③]，多元论者当然就可以更加轻而易举地将各种人类“种族”描绘为一个个单独的物种。

但语言也有助于增进亲缘关系，因为我们将黑猩猩称之为“表亲”“至亲”或“亲缘种”[④]，会使之显得更接近于我们。同时，给事物贴上一个共同标签通常也会使之显得彼此更加相似。[⑤] 举例而言，将尼安德特人鉴定为智人种尼安

---

① Tattersall, *The Fossil Trail*, pp. 192 - 193, 230; Tattersall and Schwartz, *Extinct Humans*, p. 101. 也可参见 Tattersall, "Species Recognition in Human Paleontology," p. 247.

② E. Zerubavel, *The Fine Line*, pp. 78 - 80. 也可参见 Johanna E. Foster, "Menstrual Time: The Sociocognitive Mapping of the Menstrual Cycle," *Sociological Forum* 11 (1996): 523 - 47; Nicole Isaacson, "The Fetus-Infant: Changing Classifications of in-utero De-velopment in Medical Texts," *Sociological Forum* 11 (1996): 457 - 480.

③ Stocking, "The Persistence of Polygenist Thought in Post-Darwinian Anthropology," p. 61.

④ Johanson and Edgar, *From Lucy to Language*, pp. 18, 32; Friday, "Human Evolution," p. 319; Gould, *Wonderful Life*, p. 29; Gribbin and Cherfas, *The Monkey Puzzle*, p. 129.

⑤ E. Zerubavel, *The Fine Line*, pp. 64, 79; E. Zerubavel, "Lumping and Splitting," pp. 427 - 428.

德特亚种，而非人属尼安德特种[①]，便有助于主合派将他们从遥远的类属亲戚转变为本质上同一物种的表亲！事实上，由于弥合横亘于人与其他动物之间纯属惯例的心理鸿沟有着令人兴奋的前景，敢于冒险的作家们才会给自己的著作取一些语不惊人死不休的标题，诸如《裸猿》和《第三种黑猩猩》。[②]

利用希腊语（人猿、猿）和拉丁语（猿人、猿）的复合词也同样有助于增进“人”与“类人猿”之间的心理融合。当1925年雷蒙德·达特向世人引介第一块南方古猿化石时，他实际上为之指定了一个新的灵长科，并正式命名为“人猿”（Homo-simiadae）[③]，这样他就从根本上采用了一种
81 与海克尔命名其假想的“缺失环节”——猿人——时同样的分类学策略。[④] 不用说，这个极具启发性的词汇组合，显然是为了帮助他幻化出某种“活着的类人猿与人之间的居中者”，亦即一种“类人猿”。[⑤]

---

① Groves, “Human Origins,” p. 50; Cavalli-Sforza and Cavalli-Sforza, *The Great Human Diasporas*, pp. 50 – 55; Gamble, *Timewalkers*, p. 150.

② Desmond Morris, *The Naked Ape* (New York: McGraw-Hill, 1967); Diamond, *The Third Chimpanzee*.

③ Raymond A. Dart, “Australopithecus Africanus: The Man-Ape of South Africa,” in *Naming Our Ancestors: An Anthology of Hominid Taxonomy*, edited by W. Eric Meikle and Sue T. Parker (Prospect Heights, Ill.: Waveland Press, 1994), p. 62.

④ 也可参见 Bowler, *Theories of Human Evolution*, p. 29.

⑤ Dart, “Australopithecus Africanus,” pp. 55, 62. 也可参见 Matt Cartmill, “‘Four Legs Good, Two Legs Bad’: Man's Place (if Any) in Nature,” *Natural History* 92 (November 1983): 69.

正如达尔文本人所言[①]，合并与细分都以对同或异的选择性关注作为前提，而在我们比较的任何两个事物之间，事实上都能找到同与异。[②] 因此，选择往往是个社会惯例的问题。另一个有用的提醒则是，我们实际上用以“绘制”自然及其历史的方式归根结底都是社会性的。

---

① Darwin, *The Descent of Man*, p. 159.

② E. Zerubavel, *The Fine Line*, pp. 16－17, 76－79; Kristen Purcell, “Leveling the Playing Field: Constructing Parity in the Modern World” (Ph. D. diss., Rutgers University, 2001).

82

第 4 章　历史断裂性

走笔至此，我们已经对于我们试图用以制造历史连续性的记忆体验的某些方法做了考察。但这些举动也往往会被截然相反的努力抵消，以便制造历史断裂性。前者中预设的那种记忆“编辑”刻意忽视历史上非毗邻点之间真实的时间鸿沟，而后者中牵涉的那种记忆“编辑”却是专门帮助将真实的历史连续统转换为一系列看似互不相连、各自为阵的时间块。从两相对照的图 17 和图 11 中，我们可以看到，与记忆“粘贴”相反，历史断裂性牵涉某种记忆“切割”，因为其目标不是试图呈现一种无鸿沟的假象，而是兜售一种真实的历史沟之景象。①

现在我们要谈论的是另一种记忆观，它并不将历史想象为一个由本质上连续发生的事情组成的非间断链条，此链条上一件接一件流动的事情就宛如构成连奏乐章的连续音符一

---

① 也可参见 Maurice Halbwachs, *The Collective Memory* (New York: Harper Colophon, 1980), pp. 80 - 82; Eviatar Zerubavel, *The Fine Line: Making Distinctions in Everyday Life* (New York: Free Press, 1991), pp. 9 - 10, 18 - 20, 22 - 23.

般，而是观照一段历史与另一段历史之间实实在在的裂缝，它们宛如构成断奏乐章的连续音符之间的音乐暂停键一般。关于过去的截然相反的两种社会记忆观之间的这种反差鲜明地体现于古生物学与地质学当中。其中，渐进主义叙事与零散片段叙事两相对照：前者的特征是，居中生命形式之间的分级链几乎令人难以察觉地从一个进化至另一个；而后者的特征则是，据说一个个离散的历史“时代”（“纪元”“年代”）因明显的尖锐断裂，而彼此分隔开来。

83

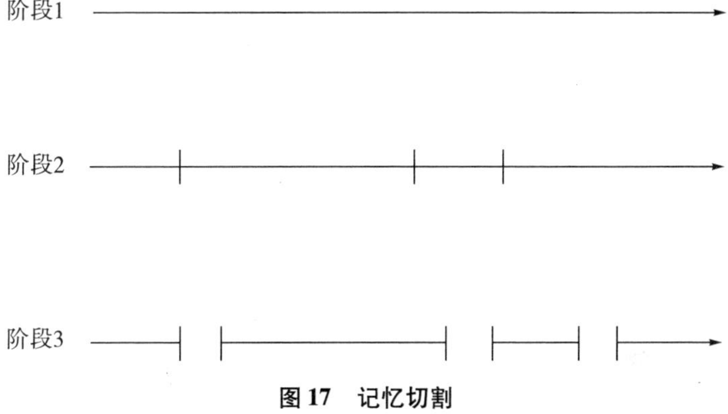

图 17　记忆切割

在第二、三章中，我们已经看到，连奏叙事对于呈现历史连续感而言不可或缺。而现在，我们则会看到，断奏叙事对于任何试图制造历史断裂感的努力来说，亦同样不可或缺。

一、过去的社会标点

不出人们之预料，建构这样一种明显断裂的过去观会牵涉制造类似于拼写间距或乐章之类的记忆等价物。为了充分理解这一过程，我们必须确定逗号、单词间空格、暂停键、休止符在结构与功能上的记忆等价物。这样的标点符号乃是通常所谓的“分期”这一社会记忆过程之核心所在。凭借此过程而得以明确阐发的不同“时期”通常由历史事件来描画，这些事件被特定的记忆共同体铭记为他们生活中的重要分水岭。恰如大学毕业或结婚之于个体一样，这种事件通过从根本上标记其起止时间而有助于从这些共同体的生活中刻蚀出重要的“篇章”。[①] 因是之故，对 20 世纪 80 年代的许多胡图族人而言，1972 年数以万计的布隆迪胡图族人惨遭屠杀便是一起灾难事件，它几乎将“屠杀前的岁月”与此后发生的一切都区隔开来。[②] 与此约略类似的是，1901 年
84 的维多利亚女王逝世对许多英国人而言标志着现代之开端。[③] 事实上，许多国家会通过设立特别节日来纪念此类事件，从而将其正式纳入集体记忆。法国于 1963 年 10 月 15 日撤离比泽尔特海军基地，伊朗于 1951 年 3 月 20 日实现石油工业国有化，此二者都是这种历史“转折点”的经典例子，每年都会在突尼斯的撤离日、伊朗的石油国有化日纪念它们。

---

① 也可参见 Dan P. McAdams, *The Stories We Live By: Personal Myths and the Making of the Self* (New York: William Morrow, 1993), pp. 256 - 257.

② Lisa H. Malkki, *Purity and Exile: Violence, Memory, and National Cosmology among Hutu Refugees in Tanzania* (Chicago: University of Chicago Press, 1995), p. 58.

③ Noel Annan, "Between the Acts," *New York Review of Books*, 24 April 1997, p. 55.

然而，有些“历史性”时刻只有在回顾中，才能最终被定义为重要的分水岭。某些我们如今认为标志着“定义时刻”的事件，当初实际发生时甚至可能并未引起多少公众的注意。举例而言，当人们思考1966年8月26日南非军队与某些西南非叛军在奥穆古鲁巴什的交火，或1952年2月21日始于反对将乌尔都语确立为主要讲孟加拉语的东巴基斯坦省的官方语言的一场简简单单的学生示威活动时发现，只有回头来看，如今纳米比亚的英雄日、孟加拉国的全国哀悼日纪念的事件才会最终被视作这种关键性的分水岭。同样，也只有本着历史的后见之明，人们才能将一次发生于1953年7月26日以失败告终的游击队袭击重塑为一场革命之开端，这场革命多年后以“古巴革命”著称于世。[①]

这样的事件通常被视作“基准桥段”[②]，标志着一个记忆共同体历史上从一个所谓不同的篇章过渡至下一个篇章，因为它们会被集体地认为牵涉某一重大身份转变，譬如我们拿到驾照或失去童贞的日子便是如此。[③] 1975年11月30

① 也可参见 Yael Zerubavel, *Recovered Roots: Collective Memory and the Making of Israeli National Tradition* (Chicago: University of Chicago Press, 1995), pp. 221 – 228.

② John A. Robinson, "First Experience Memories: Contexts and Functions in Personal Histories," in *Theoretical Perspectives on Autobiographical Memory*, edited by Martin A. Conway et al. (Dordrecht: Kluwer Academic Publishers, 1992), p. 225.

③ 也可参见 Anselm L. Strauss, *Mirrors and Masks: The Search for Identity* (London: Martin Robertson, 1977), p. 93; Wendy Traas, "Turning Points and Defining Moments: An Exploration of the Narrative Styles That Structure the Personal and Group Identities of Born-Again Christians and Gays and Lesbians" (unpublished manuscript, Rutgers University, Department of Sociology, 2000).

日，达荷美殖民地正式改名贝宁即为这种转型事件的一个经典例子，该国每年国庆节都会纪念此事件。波兰于1791年5月3日颁布第一部宪法、利比亚于1969年9月1日推翻君主制同样如此，每年都会在宪法日和革命日纪念它们。

其中一种常被集体铭记为重大历史分水岭的重大事件，就是一个国家伴随几个较小单元的合并（譬如1291年的瑞士、1971年的阿拉伯联合酋长国即是如此）或一场民族独立斗争（这种情形更为常见）而来的政治“诞辰”。事实上，在我检视了其国历的191个国家中，有139个会庆祝国
85 家的“生日”，以纪念其正式取得独立的历史性时刻，其中有些国家（如阿尔及利亚、乌拉圭、莫桑比克、厄立特里亚）还会纪念其民族解放斗争真正打响的日子。在安哥拉，7个国家节日中的6个被专门用以纪念重大历史事件（武装斗争日、先驱者日、武装部队日、独立日、胜利日、英雄日），这些事件其实都与1961—1975年为脱离葡萄牙的独立斗争有关。同样，巴拿马（6个）、厄瓜多尔（5个）、海地（5个）也有多个一年一度的“诞辰”纪念凸显了国家的政治诞辰作为历史分水岭的重要作用。

分期作为一种分类形式，尤其有助于表达不同的身份，譬如男性和女性分别以职业变动、孩子出生作为自传基准①，这当然凸显了他们通常据以组织身份的方式之根本差

---

① Eviatar Zerubavel, *Patterns of Time in Hospital Life: A Sociological Perspective* (Chicago: University of Chicago Press, 1979), p. 92.

别。时间断裂乃是心理断裂的形式之一[①]，因此我们切分过去的方式即为我们切分心理空间之一般方式的具体表现。正如“圣日”有助于将神圣与世俗的道德区分具体化[②]、周末有助于将公域与私域的文化对立具体化一样，我们所构想的不同历史“时期”之间的时间断裂也有助于阐明不同文化、政治、道德身份之间的心理断裂。因是之故，犹太复国主义者对于 1882 年以前生活在巴勒斯坦的犹太人（“老犹太人聚居区”）和此后移居至那里的犹太人（“新犹太人聚居区”）之间的惯常的区分显然不仅仅是一种年代上的区分，因为它实际上有助于阐明传统 - 宗教世界与世俗 - 国家世界在文化与政治上的对立。[③] 与出埃及记标志着偶像崇拜与一神论之间的根本道德断裂一样[④]，我们所构想的“前哥伦

① E. Zerubavel, *The Fine Line*, p. 10; Eviatar Zerubavel, "Language and Memory: 'Pre-Columbian' America and the Social Logic of Periodization," *Social Research* 65 (1998): 318.

② Emile Durkheim, *The Elementary Forms of Religious Life* (New York: Free Press, 1995 [1912]), p. 313（页码引自重印版）; Eviatar Zerubavel, *Hidden Rhythms: Schedules and Calendars in Social Life* (Chicago: University of Chicago Press, 1981), pp. 103 - 5.

③ Israel Bartal, "'Old Yishuv' and 'New Yishuv': The Image and the Reality," in *Exile in the Homeland: The Settlement of the Land of Israel before Zionism* (in Hebrew) (Jerusalem: Hassifriya Hatziyonit, 1994 [1977]), p. 75（页码引自重印版）; Yehoshua Kaniel, *Continuity and Change: Old Yishuv and New Yishuv during the First and Second Aliyah* (in Hebrew) (Jerusalem: Yad Itzhak Ben-Zvi Publications, 1981), pp. 21 - 22; Hana Herzog, "The Concepts 'Old Yishuv' and 'New Yishuv' from a Sociological Perspective" (in Hebrew), Katedra 32 (July 1984): 99 - 108.

④ Jan Assmann, *Moses the Egyptian: The Memory of Egypt in Western Monotheism* (Cambridge, Mass.: Harvard University Press, 1997), pp. 3 - 8, 208 - 209.

布”美洲与“后 1492”美洲之间的时间断裂也有助于将“原生”与“欧洲”之间的重大文化对立具体化。①

二、同化与分化

当我们对事物加以分类并由此将其放入看似各不相同的心理聚类当中时，通常会允许构成每一聚类的各要素之间的感知相似性凌驾于其差异性之上。如此，我们最终便会认为，这些元素乃是根本上同质的心理实体之不同变体，因而
86 大致可以彼此交换。同时，为了强化对不同聚类之间互不相同的差异感，我们也往往夸大它们之间的感知心理距离。②

与任何其他分类形式一样，分期也因此以一种明显非计量的、拓扑的取向作为前提③，这一取向在凸显不同实体之间关系的同时，也基本上忽视其内部构成。这需要人们对时间距离多少有些可塑性体验，包括从记忆上压缩一个惯例性的“周期”内部的时间距离，并夸大不同周期之间的时间距离。显然，“内在”与“相互”虽在计量上毫不相干，但二者间的差异对于从拓扑意义上逼近现实却至关重要。

作为这些孪生记忆过程中的第一个过程，历史同化是指为那些惯例性的历史区块中的每一个分别指定一个单一的共

① E. Zerubavel, “Language and Memory,” p. 323.

② E. Zerubavel, *The Fine Line*, pp. 16 – 17, 21 – 32; Eviatar Zerubavel, “Lumping and Splitting: Notes on Social Classification,” *Sociological Forum* 11 (1996): 422 – 426.

③ 也可参见 E. Zerubavel, “Lumping and Splitting,” pp. 423 – 426.

同标签，诸如“新石器时代”（农业）、“18世纪”（文学）或“明代”（艺术）。社会记忆惯于淡化每个这样的时期的内部差异，一直要淡化到我们觉得它几乎是同质的才肯罢休，从而我们便为它赋予了一个单一的、本质上统一的身份。因是之故，我们习惯上可能将犹太历史上整个1800年的“流亡”篇章都与迫害联系在一起[①]，并将5个多世纪的欧洲历史作为“黑暗”来集体地铭记。

从图18中，我们可以看到，这种图式化的历史观也会导致对于一个惯例性的“时期”内部的时间距离予以记忆压缩。因是之故，我们可能会认为多纳泰罗（其早期作品可追溯到15世纪初十年）、提香（在16世纪60年代仍在绘画）等“文艺复兴”艺术家们是同时代的人，而忘记了诸如圣本笃（480—547）、乔叟（1340—1400）之类“中世纪”名人实际生活的时代之间相隔8个多世纪。类似地，当我们笼而统之地将欧洲人到来之前即已存在于西半球的一切都归为“前哥伦布的”时[②]，我们往往会将中美洲的奥尔梅克文明和阿兹特克文明（或安第斯山脉中的查温文明与印加文明）合而为一，但它们的兴盛实际上相隔两千年，我们往往忘记了一点：这一历史之遥堪比今日意大利人与古罗马人之间的距离。将托勒密王朝统治以前近三千年的东北非历史合并为一个通常被铭记为“古埃及”的单元，同样也

① Y. Zerubavel, *Recovered Roots*, pp. 17 - 22.

② E. Zerubavel, “Language and Memory,” pp. 320 - 321.

意味着忘记了一点：就好比乔叟与阿兹特克人一样，第三十王朝的最后一位法老距离我们比距离那些建立埃及第一王朝的人实际上要近好几个世纪！

87

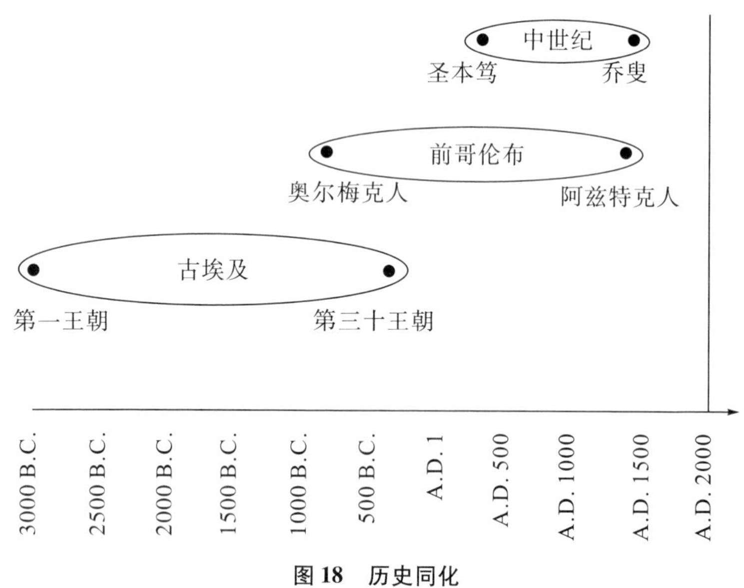

图 18　历史同化

与任何其他分类形式一样，对过去加以分期不仅牵涉一个时期之内的合并，而且也牵涉不同时期之间的细分。我们会为某一整个历史“时期”赋予既单一也统一的身份，更会为被我们视作一个个“单独”的时期赋予一个个单独的身份，譬如犹太复国主义者描绘的犹太历史上的“流亡”时期便从根本上与此前此后的时期相对立。[1] 可见，历史同化通常会受到一个与**历史分化**截然相反的社会

① Y. Zerubavel, *Recovered Roots*, pp. 17 - 22.

记忆过程的补充。

对过去加以“分期”基本上都会牵涉将实际的历史连续统从记忆上转换为看似离散的一个个心理块，诸如“文艺复兴”或“启蒙运动”。我们能够像在书的不同篇章之间或段落开头处惯例性地留白[①]那样去想象历史空白，而这种能力确实强化了人们对于这种“时期”的感知分离性，并为前面所提及的分水岭隐喻带来了共鸣。例如，与索尔·斯坦伯格在漫画中隔开三、四两个月份的那条真实河流一样[②]，正是由于那片隔开1979年与1980年的想象性的空白历史时段，我们才会将“70年代”与“80年代”记忆为这种不同的历史实体。同样，我们从图19中可以看到，正是我们关于隔开1491年与1493年的那个准地质断层的心理图景，帮助我们将西半球历史上的“前哥伦布”篇章与“美洲”篇章作为两个不同的“时代”来加以铭记。[③]

 88

图19　西半球的拓扑史

① E. Zerubavel, *The Fine Line*, pp. 22 – 23.

② Harold Rosenberg, Saul Steinberg (New York: Alfred A. Knopf, 1978), pp. 62 – 63, 132. 也可参见 Heinz Werner, *Comparative Psychology of Mental Development*, rev. ed. (New York: International Universities Press, 1957), p. 187.

③ E. Zerubavel, “Language and Memory,” pp. 321 – 324.

我们对于分隔不同历史“时期”的时间距离的想象显然会受到这种感知鸿沟的影响。为了促生一种两个虽毗邻但通常“不同”的历史块确实彼此离散的社会记忆图景，我们往往会夸大将其彼此分隔的想象性鸿沟。[①] 这样一来，跨越这种“历史障碍”，便将物理时间在计量学意义上的一小步转换为了社会时间在拓扑学意义上的一个巨大飞跃[②]，就好比我们一满 18 岁就立即由“未成年人”转变为“成年人”一样，就好比有过 1 次性经验的人会被认为“更接近”于一个拥有 37 次性经验的人，而非更接近于一个处子。[③] 为了帮助我们维持一种“不同”时期之间存在巨大历史鸿沟的幻象，我们因此会从记忆上夸大发生于“分水岭”前后的事物之间的距离，而分水岭正是这些事物的边界。因是之故，我们会认为 1491 与 1493 年之间的距离比计量学意义上相等的 1489 与 1491 之间的距离长得多。毕竟，从图 19 中，我们可以看到，1489、1491 为同一个“时代”内部的一部分，而 1491、1493 则通常会被认为处于将两个不同

---

① Halbwachs, *The Collective Memory*, p. 101; E. Zerubavel, *Patterns of Time in Hospital Life*, pp. 32 – 33; Eviatar Zerubavel, *The Seven-Day Circle: The History and Meaning of the Week* (New York: Free Press, 1985), pp. 121, 128.

② 也可参见 E. Zerubavel, *The Fine Line*, pp. 24, 28 – 32.

③ Ibid., p. 31; Wayne Brekhus, "Social Marking and the Mental Coloring of Identity: Sexual Identity Construction and Maintenance in the United States," *Sociological Forum* 11 (1996): 512. 也可参见 Jamie Mullaney, "Like A Virgin: Temptation, Resistance, and the Construction of Identities Based on 'Not Doings,'" *Qualitative Sociology* 24 (2001): 3 – 24.

“时代”分隔开来的广阔历史界限之两侧。①

仿佛是为了真真切切地将不同历史“时期”的距离物化一样，我们还会将这些时期放进历史教科书的不同章（乃至不同节），以及放进博物馆的不同展区，以此将使之彼此分隔的想象性鸿沟具体化。这种空间性的隔离当然会有助于我们将头脑中那些纯属惯例性的虚构之物，感知为一个个互不相同、截然分离的“时代”。

三、历史与史前史 89

为两个虽毗邻但惯例上分隔的历史“时期”赋予不同的身份也经常体现在我们对其彼此对立的感知方式上。举例而言，在许多美国人眼中，过往与当前的历史切片仿佛在 2001 年 9 月 11 日分别结束和开始了。这种知觉对立在任何其他时刻都不如在我们自觉地试图将我们渴慕不已的东西建立为一个新“时代”的开端记忆时来得深刻，而这一雄心勃勃的社会记忆行为乃是历史分期过程之缩影。

通过大肆渲染（往往到了夸大其词的地步）两个虽毗邻但惯例上分隔的历史“时期”之间的知觉对立，新开端的建立通常以某个先前实体的灭亡作为前提。2000 年，乔治·W. 布什在共和党大会上宣布“该是新开端的时候

① E. Zerubavel, “Language and Memory,” p. 321.

了”[①]，暗示克林顿-戈尔的“时代”会不出所料地寿终正寝。同样，1956年，贾迈勒·阿卜杜勒·纳赛尔总统告诉埃及国民，他们将在英国撤离苏伊士运河的第二天迎来“一个光明的新时代”[②]，宣布了帝国主义指日可待的灭亡。

有鉴于此，建立一个“新开端”往往涉及摧毁与此前一切事物的一切可能联系。事实上，由法国革命与俄国革命的实际范围可见，社会革命家往往会先竭力擦除几乎一切现有社会秩序，然后才能将新的社会秩序建立妥当。显然，凯末尔·阿塔图尔克希望将年轻的土耳其社会与其晚近的（因而仍危险地“具有传染性的”）奥斯曼过去之间的想象性鸿沟戏剧化，而正是这种希望促使他在20世纪20年代把政府的官方所在地从伊斯坦布尔迁往安卡拉，正式废除穆罕默德历法和传统的阿拉伯文字，禁止人们佩戴菲斯帽与面纱，并几乎肃清了波斯语对土耳其语的一切影响。[③]

不妨再想想标志着从平民生活向军人生活过渡的仪式性理发，或者宗教皈依者、奴隶、修女的正式更名。这种分离仪式[④]被专门用以戏剧化新开端建立过程中牵涉的身份之象

① *New York Times*, 4 August 2000, sec. A, p. 24.

② Clifton Daniel, *The Twentieth Century Day by Day* (London: Dorling Kindersley, 2000), p. 782.

③ David C. Gordon, *Self-Determination and History in the Third World* (Princeton, N. J.: Princeton University Press, 1971), pp. 90-96.

④ Arnold Van Gennep, *The Rites of Passage* (Chicago: University of Chicago Press, 1960), p. 11; E. Zerubavel, *The Fine Line*, pp. 23-24. 也可参见 Victor Turner, "Betwixt and Between: The Liminal Period in Rites de Passage," in *The Forest of Symbols: Aspects of Ndembu Ritual* (Ithaca, N. Y.: Cornell University Press, 1970), pp. 93-111.

征性转换，这从根本上意味着的确极有可能“翻开新的一页”和以某种方式“重获新生”。这种可能性经常体现于对“振兴”和“复兴”的明确提及上[①]，而为了从社会意义上 90
塑造一种新人所付出的切实努力更是不在话下。新人会体现新旧“时代”之间的剧烈历史断裂，譬如，雄心勃勃的犹太复国主义者便企图以年轻的土生土长的以色列人，去取代年迈的“流亡”犹太人。[②]

为了能够有效地体现历史断裂感，人们还有必要摧毁我们在前文中已谈及的心理“桥梁”。事实上，建立新开端牵涉各种社会记忆实践，而这些实践与我们用以增进连续感的实践截然相反。举例而言：正因为地方具有特殊的记忆意义，亚述人才会将被征服人口从其土地上系统铲除；正因为废墟具有记忆唤起作用，西班牙人才会将特诺赫蒂坦的阿兹特克城几乎夷为平地（罗马人在第三次布匿战争之后也这样对待迦太基），然后再在原址上着手修建墨西哥城。

同样，正因为文物与周年纪念具有记忆意义，获胜部队和新政权才会摧毁历史纪念碑，并从日历中删除某些节日。因此之故，匈牙利人不再纪念1945年苏联军队对他们的解

① Richard I. Jobs, "The Promise of Youth: Age Categories as the Mental Framework of Rejuvenation in Postwar France" (paper presented at the Tenth Annual Interdisciplinary Conference for Graduate Scholarship, the Center for the Critical Analysis of Contemporary Culture, Rutgers University, New Brunswick, N. J., March 2000).

② Y. Zerubavel, *Recovered Roots*, pp. 20 – 31; Oz Almog, *The Sabra: The Creation of the New Jew* (Berkeley and Los Angeles: University of California Press, 2000); Yael Zerubavel, "The Mythological Sabra and the Jewish Past: Trauma, Memory, and Contested Identities," *Israel Studies* 7 (2002).

放，南非亦不再认为有必要一年一度地致敬保罗·克留格尔。[①] 显然，也正是出于诸如此类的社会记忆考量，1989 年罗马尼亚人才会从国旗上撕掉社会主义的象征。它们也同样促使新政权自觉地变更国歌[②]，重新命名街道[③]、城市（如从“彼得格勒”更名为“列宁格勒”，后又改回“圣彼得堡”）乃至国家本身（如从“英属洪都拉斯”改为“伯利兹”）。

“分水岭”在标志重大历史断裂的同时，也经常充当着行之有效的时序锚，这就是为什么一些美国电视网在整个 20 世纪 80 年代都刻意以计算美国驻德黑兰大使馆被占领以来的天数来结束每天的晚间新闻。[④] 马克·吐温曾这样描述美国南北战争在南方的社会记忆作用：

> 这场战争之于南方，一如“公元”之于其他地方：**凡事皆要追溯至它**。一整天，充斥于耳的事情都被这样地“安置”：它们不是发生于战争以来，就是发生于战争期间；不是发生于战前，就是发生于战后；不是发生

① 也可参见 Eviatar Zerubavel,“The French Republican Calendar: A Case Study in the So-ciology of Time,” *American Sociological Review* 42 (1977): 868 - 877; Eviatar Zerubavel,“Easter and Passover: On Calendars and Group Identity,” *American Sociological Review* 47 (1982): 284 - 289.

② Karen A. Cerulo, *Identity Designs: The Sights and Sounds of a Nation* (New Brunswick, N. J.: Rutgers University Press, 1995), pp. 154 - 165.

③ Maoz Azaryahu,“The Purge of Bismarck and Saladin: The Renaming of Streets in East Berlin and Haifa,” *Poetics Today* 13 (1992): 351 - 366.

④ 也可参见 E. Zerubavel, *Patterns of Time in Hospital Life*, p. 92.

> 于“战前约两年、五年或十年”，就是发生于“战后约两年、五年或十年”。[①]

在这点上，约公元前 4 年的耶稣诞辰、公元 622 年穆罕默德从麦加出走麦地那（希吉拉）的社会记忆作用则更加令人 91
瞩目，此二者都是传统纪年框架的“关键”基础[②]，亦即“历史之门得以转动的合页”[③]。譬如，我们想象在分别以字母“BC”和“AD”来表示的两种时期之间存在剧烈的断裂，仿佛历史真的是从我们的标准纪年时代的第一年开始的一般！[④]

诸如此类作为历史起点的事件拥有共同的面貌，这种面貌鲜明地体现于它们与一种恢宏的社会记忆实践的联系当中：将记忆共同体的“历史计时器”重新归零。[⑤] 举例而言，不妨想想柬埔寨独裁者波尔布特将其上台的 1975 年指定为“零年”的决定，或者不妨想想 1945 年一些德国人采

---

① Samuel L. Clemens [Mark Twain, pseud.], *Life on the Mississippi* (New York: Magnum Easy Eye Books, 1968), p. 389.

② Pitirim A. Sorokin and Robert K. Merton, "Social Time: A Methodological and Func-tional Analysis," *American Journal of Sociology* 42 (1937): 623; Pitirim A. Sorokin, *Sociocultural Causality, Space, Time: A Study of Referential Principles of Sociology and Social Science* (Durham, N. C.: Duke University Press, 1943), p. 174; E. Zerubavel, *Hidden Rhythms*, pp. 86 - 87; Eviatar Zerubavel, "In the Beginning: Notes on the Social Construction of Historical Discontinuity," *Sociological Inquiry* 63 (1993): 457 - 458.

③ Kenneth L. Woodward, "2000 Years of Jesus," *Newsweek*, 29 March 1999, p. 54.

④ 也可参见 Bernard Lewis, *History: Remembered, Recovered, Invented* (Princeton, N. J.: Princeton University Press, 1975), p. 32.

⑤ 也可参见 Mullaney, "Like A Virgin," p. 10.

用的“零时”概念，这么做旨在与德国已被纳粹无可挽回地玷污的晚近过去彻底决裂，并在此基础上展示一种全新的政治身份。[①] 类似地，1916 年——复活节抗英起义之年——有时也被视作“爱尔兰历史元年”。[②] 而更加令人瞩目的举动则是，法国在 18 世纪 90 年代以明确的法兰西“共和国时代”，正式取代传统的基督教时代。共和国时代始于 1792 年 9 月 22 日法兰西第一共和国的建立[③]，而后来意大利的法西斯也于 20 世纪 20 年代重复了这一令人瞩目的社会记忆实验。他们也同样在整个意大利引入一个新的标准纪年时代，以 1922 年 10 月他们向罗马的历史性进军作为开端。[④]

将“历史计时器”重新归零通常也牵涉对“第一”的强调。举例来说，伊朗在 1979 年历史性的全民公投中，确认了建立伊斯兰共和国，最高国家领袖阿亚图拉·鲁霍拉·霍梅尼明确宣布公投后的第一个工作日为“一个上帝政府的第一天”[⑤]。在这点上，不妨再想想犹太复国主义者通常将 1882 年到达巴勒斯坦的东欧犹太人描绘为以色列的“首

---

① Claudia Koonz, “Between Memory and Oblivion: Concentration Camps in German Memory,” in *Commemorations: The Politics of National Identity*, edited by John R. Gillis (Princeton, N. J.: Princeton University Press, 1994), p. 262.

② Ruth W. Gregory, *Anniversaries and Holidays*, 4th ed. (Chicago: American Library Association, 1983), p. 53.

③ George G. Andrews, “Making the Revolutionary Calendar,” *American Historical Review* 36 (1931): 517 - 523; E. Zerubavel, *Hidden Rhythms*, pp. 86 - 87.

④ Herbert W. Schneider and Shepard B. Clough, *Making Fascists* (Chicago: University of Chicago Press, 1929), p. 193; Mabel Berezin, *Making the Fascist Self: The Political Culture of Interwar Italy* (Ithaca, N. Y.: Cornell University Press, 1997), p. 67.

⑤ *Facts on File*, vol. 39 (1979), p. 247.

批”移民，这一描绘也被对该国“开国元勋”或“先驱”的标准描绘进一步强化。事实上，他们自己非常在意其未来的历史形象，甚至把首批定居点的其中两个分别命名为“里雄莱锡安”和“罗什平纳”。[①]

不用说，将 1882 年到达巴勒斯坦的犹太人铭记为该国
“首批”定居者也意味着对更早移民至此的其他犹太人加以 92
记忆清除。而所有在 18 个世纪从未踏出过国门半步的那些人便更不必说了，犹太复国主义史学通常将这些世纪描绘为“流亡”时期，这期间的所有犹太人均被视作背井离乡之人。[②] 此外，这一描述也暗中要求，压抑在那些犹太移民到来之前早已生活于此的所有非犹太人的记忆，从而有助于强调一种明明白白的欧洲中心论：在 1882 年前，巴勒斯坦几乎是一片荒无人烟的不毛之地[③]，在等待那些“先驱者”前来定居。

事实上，这种记忆近视[④]在“定居”的殖民话语中可谓司空见惯。因是之故，尽管古代传说其实已经明确指出，9 世纪首批抵达冰岛的挪威人发现爱尔兰僧侣捷足先登，然而

---

① 译注：Rishon Le Tziyon（里雄莱锡安），意为“第一个到锡安”；Rosh Pinnah（罗什平纳），意为“基石”。

② 参见 Y. Zerubavel, *Recovered Roots*, pp. 15 – 22.

③ Yael Zerubavel, *Desert Images: Visions of the Counter-Place in Israeli Culture* (Chicago: University of Chicago Press, forthcoming).

④ On mental “nearsightedness” and “farsightedness,” 参见 Ruth Simpson, “Microscopic Worlds, Miasmatic Theories, and Myopic Vision: Changing Conceptions of Air and Social Space” (paper presented at the Annual Meeting of the American Sociological Association, Chicago, 1999).

他们却对冰岛鲜明的斯堪的纳维亚身份心怀执念，以至于对这种前斯堪的纳维亚的凯尔特人的存在基本上视而不见，并由此将那些北欧人称为“首批”定居者![1] 同样，尽管澳大利亚的首个英国人定居点实际上迟至“原住民”已宅兹该岛至少4万年以后才建立，然而澳大利亚却将为纪念1788年建立首个定居点而设立的国家节日称作“奠基日”。

对于整个人口加以记忆清除在发现叙事中也同样司空见惯。《纽约时报》曾向读者提供了一份莫桑比克的简史概览，它从1500年葡萄牙人抵达该国开始讲起，含蓄地将其描述为在被葡萄牙人“发现”之前几乎荒无人烟，由此从根本上将其在整个前欧洲时期的过去贬为一种被官方遗忘的状态。[2] 当我们说哥伦布“发现”美洲时，基本上暗示了在他之前那里荒无人烟，从而含蓄地压抑了关于在他抵达之前数百万生活于此的印第安人的记忆。

我们通常会给哥伦布到来以前的一切美洲事物都贴上“前哥伦布的”标签[3]，由此可见，1492年标志着在美洲的真正“历史”与我们只是将其当作“史前史”的事物之间发生了根本断裂。类似地，在显然以基督教为中心的爱尔兰民间史学中，在约432年圣帕特里克的著名抵达之前，这里

① 参见 Gwyn Jones, *The Norse Atlantic Saga*, 2d ed. (Oxford: Oxford University Press, 1986), pp. 144, 156.

② 也可参见 Martin W. Lewis and Kären E. Wigen, *The Myth of Continents: A Critique of Metageography* (Berkeley and Los Angeles: University of California Press, 1997), pp. 106 - 111.

③ E. Zerubavel, "Language and Memory," pp. 320 - 322.

的一切事物都基本上被轻描淡写地归入了“异教史前史”。[①]
1993 年，诺姆·乔姆斯基在犀利批判欧洲帝国主义的《501
年》一书标题中暗示[②]，我们称之为“美洲”的这一文化实
体被公认为“诞生”于 1492 年 10 月 12 日。那么，先前西 93
半球发生的一切都只是某种“前美洲”之一部分。

“史前史”基本上被认为只是真正历史之序幕，所以美洲的史前史大多已被遗忘。因是之故，挪威人在 10 世纪末到 11 世纪初前往格陵兰、纽芬兰，以及或许还有前往拉布拉多和新斯科舍的航行，均不被当作标准的美洲“发现”叙事之一部分。[③] 虽然我们中的大多数人对于在哥伦布之前的 5 个世纪中那些早期的横渡大西洋了然于胸，但依旧认为他在巴哈马的著名登陆才是美洲历史的正式开端。倘若美洲真的只是在 1492 年 10 月 12 日才“诞生”，那么在此之前所发生的一切实际上便无法被当作“美洲史”之一部分。

由传统的创世纪意象可见，我们倾向于将开端以前想象为真的是一片空白。因此之故，为了将犹太人从前的流亡生活与其祖国的“新开端”之间的历史断裂戏剧化，早期的以色列文学有时会把土生土长的以色列人描绘为孤儿。[④] 出

---

① Henry Glassie, *Passing the Time in Ballymenone: Culture and History of an Ulster Community* (Philadelphia: University of Pennsylvania Press, 1982), p. 626.

② Noam Chomsky, *Year 501: The Conquest Continues* (Boston: South End Press, 1993).

③ Eviatar Zerubavel, *Terra Cognita: The Mental Discovery of America* (New Brunswick, N. J.: Rutgers University Press, 1992), pp. 13 - 23, 26 - 28.

④ Amnon Rubinstein, *To Be a Free People* (in Hebrew) (Tel-Aviv: Schocken, 1977), p. 104.

于同样的原因，犹太复国主义叙事几乎无视移民的早年“流亡”岁月，而往往将其生活说成在到达巴勒斯坦后才开始![1] 这种史前空白的存在本身便有助于提醒我们，历史“开端”的建立始终要以某种失忆症要素作为前提。如此一来，当美国人开始将1620年的新英格兰殖民化铭记为欧洲在美国定居点之开端，他们就最终含蓄地遗忘了1607年的弗吉尼亚殖民化，而西班牙在16世纪60年代对佛罗里达的殖民化和在90年代对新墨西哥的殖民化更是不在话下。[2] 有一位犹太复国主义的远见卓识者坦言：

> 我们培植遗忘，沾沾自喜于我们的短暂记忆。……我们以自己的健忘天赋来衡量自己的叛乱深度。……我们愈自视为无根的，便愈相信自己更自由与崇高。……正是根，在耽误我们向上成长。[3]

从图20中，我们可以看到，任何开端的建立都要以一个心照不宣的协议作为前提：将此前的一切漠视为“不相干的”，因而不值一记。这种看似无伤大雅却显然粗暴的记忆

① 参见，例如 Y. Zerubavel, *Recovered Roots*, p. xv. 但参见 Y. Zerubavel, “The Mythological Sabra and the Jewish Past.”

② 也可参见 James W. Loewen, *Lies My Teacher Told Me: Everything Your American History Textbook Got Wrong* (New York: Touchstone, 1996), p. 77.

③ Berl Katznelson, quoted in Doron Rosenblum, “Because Somebody Needs to Be an Israeli in Israel” (in Hebrew), Ha'aretz (Independence Day supplement), 29 April 1998, p. 52.

斩首[1]，旨在帮助促进我们眼中的历史与史前史之间的根本断裂，进而我们往往会忘掉史前史，因为它通常被认为毫不相干。[2]

94

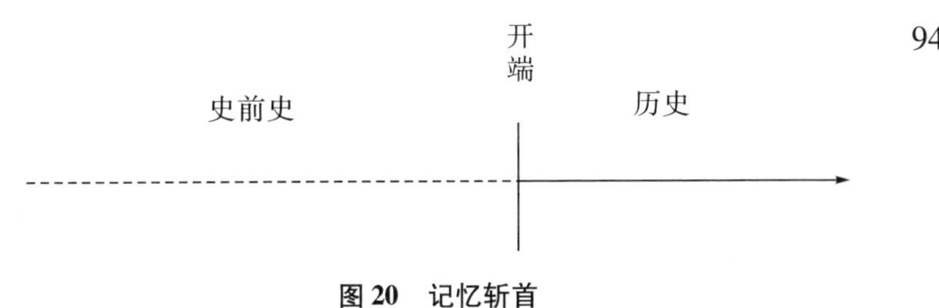

图20　记忆斩首

我们想要把某个时点之前的一切真正置之不理的愿望既体现于豁免企业在宣布破产前背负的一切债务的法律当中，也体现于诉讼时效当中。诉讼时效乃是对于有可能将过去中的某些部分“抛诸脑后”的想法之终极外化。[3]

当我们试图将事情“抛诸脑后”时，并不必然会否认某一历史起点之前的事物确确实实发生过。但是，我们可以通过打上某些“现象学括号”来将其贬作无社会相关性。史前史与历史之间的默认区别意味着，前者好比一本书的前言或一场讲座的“开场白”，基本上处于官方历史叙事之

---

① Eviatar Zerubavel, *Social Mindscapes: An Invitation to Cognitive Sociology* (Cambridge, Mass.: Harvard University Press, 1997), p. 85.

② Ibid., pp. 84 - 85; E. Zerubavel, "Language and Memory," pp. 318 - 326. 关于不相关的社会建构，也可参见 Eviatar Zerubavel, "The Elephant in the Room: Notes on the Social Organization of Denial," in *Culture in Mind: Toward a Sociology of Culture and Cognition*, edited by Karen A. Cerulo (New York: Routledge, 2002), pp. 21 - 27.

③ E. Zerubavel, *Social Mindscapes*, pp. 84 - 85.

外。因此，从规范的意义上讲，它被排除在了我们有望记住的事物之外。诉讼时效则意味着，哪怕我们都一致同意事物确确实实发生过，但它们也能被正式放逐至某种“史前”过去当中，而这种过去会出于实际目的被认为毫不相干，从而被正式地遗忘。因是之故，当学生从一所大学转学至另一所大学，他们实际上可以期望新学校在计算绩点时，正式地“忘掉”其原有绩点。不妨再想想如今许多德国人在追求的“无历史包袱的常态”[1]，或是想想最近黑山总统米洛·久卡诺维奇向克罗地亚人发出的呼吁，呼吁他们将 1991 年南斯拉夫向克罗地亚发动的战争“抛诸脑后”。[2] 这种渴望“剪切”过去以期从记忆上便利地“重新”开始也体现于前红色高棉领导人乔森潘身上。1998 年，他要求柬埔寨人从根
95 本上“忘掉过去”，“让过去的都过去吧”。[3] 他为清除人们对于仅仅 20 年前 100 多万惨遭屠杀的柬埔寨人的记忆而付出的努力得到了洪森首相的正式支持，后者敦促国人，“挖个坑，埋掉过去，**纤尘不染**地面向 21 世纪”。[4] 类似地，一些人大肆鼓吹前罪犯有权开始一种不被其有罪的过去玷污的“新生活”，呼吁“翻开崭新的一页”，并通过从根本上清除

---

① Roger Cohen, "Anniversary Sets Germans to Quarreling on Holocaust," *New York Times*, 10 November 1998, International section, p. A16.

② "Montenegro Asks Forgiveness from Croatia," *New York Times*, 25 June 2000, International section, p. 9.

③ Seth Mydans, "Under Prodding, 2 Apologize for Cambodian Anguish," *New York Times*, 30 December, 1998, International section.

④ Seth Mydans, "Cambodian Leader Resists Punishing Top Khmer Rouge," *New York Times*, 29 December 1998, sec. A, p. 1.

其记忆，让某些事情“安息”。1998 年，许多人反对处决卡拉·费伊·塔克，他们利用宣告破产准则背后的社会记忆逻辑，声称作为重生基督徒的她不应对自己在精神“重生”之前犯下的谋杀罪负责！

四、历史断裂性的社会建构

不过，诗歌与书籍偶尔也在字里行间极富挑衅意味地提醒我们①，绝不应该将历史断裂视作既定之物。与裁剪照片一样，从历史环境中刻蚀出惯例性的“时期”乃是一种人为之举，因而它们远不是非此不可。因是之故，尽管以色列人大多将 1948 年的建国视作几乎毫无争议的“分水岭”(事实上，有个对当年所发生事件的流行叙述甚至以“在两个时代之间”作为副标题)②，实际上，它对于以色列中非政治的超正统共同体而言，却是个“非事件”。一些以色列历史学家挑战犹太复国主义者蓄意使以色列现代史摆脱其晚近过去这一愿望，同时也质疑巴勒斯坦 1882 年前的“旧”犹太共同体与“新”犹太共同体之间的传统划分。③ 同样，

① See, for example, Edward E. Cummings, *Complete Poems* (New York: Harcourt Brace Jovanovich, 1972); Erving Goffman, *Frame Analysis: An Essay on the Organization of Experience* (New York: Harper Colophon, 1974), p. 391 n.

② Netiva Ben-Yehuda, *1948: Between the Eras* (in Hebrew) (Jerusalem: Keter, 1981).

③ Jacob Barnai, *Historiography and Nationalism: Trends in the Research of Palestine and Its Jewish Yishuv, 634 – 1881* (in Hebrew) (Jerusalem: Magnes Press, 1995), pp. 180, 188.

1492 年也不是印第安人真正认为的历史“起始”之点，其祖先在被欧洲“发现”前已宅兹美洲数千年。[①]下面这句讽语很好地提醒了我们这一点：“人们很想知道，内兹珀斯人和纳瓦霍人在等待东方入侵者出现的长达若干个世纪的百无聊赖中是怎样活下来的。”[②]

作为一种知觉现实，我们按照惯例从过去中刻蚀出的看似离散的片段乃是由我们所集体想象出来的历史鸿沟之产物，而正是历史鸿沟，才使之彼此分离。不过，这种分裂对在一种关于过去的“分期”传统中接受记忆社会化的那些人而言如此一目了然，然而对其他人而言却简直隐不可见！毕竟，在现实世界中，并无切切实实的鸿沟隔开西方艺术中
96 的印象派“时期”与立体派“时期”（两者其实彼此交叠）[③]，或是隔开法兰西“第四共和国”与“第五共和国”（两者在同一天分别结束与开始）。[④] 将过去切割为一个个所谓的离散“时期”基本上是一种心理行为，而且正如我们现在所看到的，它通常要通过一把社会手术刀才能实现。[⑤]

事实上，历史断裂性的建构大多经由语言悄然完成。尽

---

① E. Zerubavel, “Language and Memory,” pp. 324 – 325.

② Elliott West, “A Longer, Grimmer, but More Interesting Story,” in *Trails toward A New Western History*, edited by Patricia Nelson Limerick et al. (Lawrence: University Press of Kansas, 1991), p. 107.

③ George Kubler, *The Shape of Time* (New Haven, Conn.: Yale University Press, 1962), p. 56.

④ 也可参见 E. Zerubavel, *The Fine Line*, p. 72.

⑤ 也可参见 ibid., pp. 61, 116.

管将欧洲历史上的十几个世纪贴上一个“中世纪”之类的单一标签有助于我们将其感知为一个相对同质化的时间块，但给每个惯例性的“时期”各贴一个不同的标签，则有助于我们在脑海里将其分裂为既各各不同又彼此分离的历史片段。[①] 正如语言有助于我们从心理上区分开“童年”与“青春期”以及“冬天”与“春天”一样，语言也可以强化我们对于区分开“中石器时代的”工具与“新石器时代的”工具之间抑或“文艺复兴的”音乐与“巴洛克的”音乐之间的实际历史鸿沟的认识。同样，对于“古代人”与“早期现代人”的区分也凸显了区分东亚旧石器时代的中、低级原始人之间的历史鸿沟，从而暗中帮助人们质疑前者乃后者之后代的多地区论。[②]

历史“时期”基本上是我们脑筋发电之产物[③]，因此有一点非常重要，即不要把我们惯例性的分期体系本质化。毕竟，即使“中世纪”和“文艺复兴”也只是在 1688 年和

---

① 也可参见 Johanna E. Foster, “Menstrual Time: The Sociocognitive Mapping of ‘The Menstrual Cycle,’” *Sociological Forum* 11 (1996): 533 – 536, 541 – 542.

② Christopher Stringer and Robin McKie, *African Exodus: The Origins of Modern Humanity* (New York: Henry Holt, 1997), pp. 261 – 262. 这方面，也可参见 Nadia Abu El-Haj, *Facts on the Ground: Archaeological Practice and Territorial Self-Fashioning in Israeli Society* (Chicago: University of Chicago Press, 2001).

③ 也可参见 Dietrich Gerhard, “Periodization in History,” in *Dictionary of the History of Ideas: Studies of Selected Pivotal Ideas*, edited by Philip P. Wiener (New York: Charles Scribner’s Sons, 1973), 3: 476.

1855年才分别被认定为各具特色的“时期”。[①] 同样，在17世纪以前，将一整个世纪视作一个独特的历史单元的做法尚不普遍[②]，甚至我们以每十年为一个独立历史片段的观念其实也只能追溯至1931年。[③] 事实上，倘若我们正常地按照九进制（而非十进制）来计算，同时也按九进制来计算时间，那么我们可能大约分别在1944年（即以81年为一个“世纪”的第二十四个世纪结束之际）和1458年（即以729年为一个“千年”的第二个千年结束之际）迎来“世纪末热”和“千禧热”。[④]

可供人们切分过去的方法五花八门，并没有哪一种方法比其他方法显得更加自然而然，从而更加行之有效。[⑤] 可见，任何分期体系都必然是社会性的，因为我们对于将惯例上的一个“时期”与另一个“时期”区隔开的历史分水岭的想象能力，基本上是一种我们在刻蚀过去的特定传统中所接受的社会化之产物。易言之，我们需要在记忆的意义上被

---

① Dietrich Gerhard, "Periodization in European History," *American Historical Review* 61 (1956): 901; Wallace K. Ferguson, *The Renaissance* (New York: Henry Holt, 1940), p. 1. 也可参见 Gerhard, "Periodization in History," p. 479.

② Gerhard, "Periodization in History," p. 477.

③ Jason S. Smith, "The Strange History of the Decade: Modernity, Nostalgia, and the Perils of Periodization," *Journal of Social History* 32 (1998): 269 – 75. 也可参见 Fred Davis, "Decade Labeling: The Play of Collective Memory and Narrative Plot," *Symbolic Interaction* 7, no. 1 (1984): 15 – 24.

④ E. Zerubavel, *The Fine Line*, p. 76.

⑤ 也可参见 Nicole Isaacson, "The Fetus-Infant: Changing Classifications of in-utero De-velopment in Medical Texts," *Sociological Forum* 11 (1996): 472 – 476; Foster, "Menstrual Time," pp. 531 – 535.

社会化，这样我们才能将某些历史事件视作重要的“转折
点”。因是之故，我们需要学着如何将“宗教改革”铭记为 97
一个始于1517年马丁·路德（而非14世纪70年代约翰·威克里夫）的过程，需要学着如何将“罗马帝国”的西方记忆观内化为一个寿终正寝于476年的政治实体，尽管事实上它还在拜占庭苟延残喘了977年！作为爵士乐迷，我们同样会学着如何将若昂·吉尔伯托和安东尼奥·卡洛斯·裘宾铭记为1958年博萨诺瓦革命的真正“开创者”，并由此暗中将劳林多·阿尔梅达和巴德·尚克1953年的一张虽经典却被严重低估的唱片贬作“只是个先行者”。

事实上，除了宇宙大爆炸可能是个例外，任何给定的历史时段真正“始”于何点绝不是那么不言而喻，因为总是会有不止一个点有望成为一个特定历史叙事的正式开端。毕竟，即使人们在讲述一个刚刚共同见证过的事件时（就更别提他们的关系史了），对于该从何处开始讲起也往往莫衷一是。其实，正如亲生命运动不断提醒我们的，即使是作为“显而易见”的传记起点的“出生”，围绕其惯例地位也不乏争议。[①]

同样，“人类”的进化故事应该始于何处也不太清楚。毕竟，“人人都有生日，而人类却没有”[②]。既然软体动物与脊椎动物之间抑或爬行动物与哺乳动物之间看似剧烈的进化

① 也可参见 Isaacson, “The Fetus-Infant,” pp. 467 - 470.

② Clifford Geertz, “The Impact of the Concept of Culture on the Concept of Man,” in *The Interpretation of Cultures* (New York: Basic Books, 1973), p. 47.

分裂甚至可能并不像我们想象的那般巨大[①]，那么我们还有可能确定从类人猿向类猿人的过渡点吗？我们是应该试图确定标志猿科线与人科线之间分叉点的准确历史时刻，还是应该转而试图确定第一个会制造工具的人科物种、第一个会烹饪食物的人科物种、第一个会直立姿势的人科物种、第一个确立语言的人科物种，以及第一个创造出艺术的人科物种？[②]

不妨再想想我们从心理上以惯常的“战争”单元来组织过往军事冲突的方式。举例而言，所谓的伯罗奔尼撒战争其实可能由一系列完全独立的冲突合并而成。而与此同时，人们也可以争辩说，它其实只是雅典与斯巴达之间一场漫长得多的冲突中的一个切片，而我们通常认为的在公元前431年战争“爆发”之前的非交战状态只不过是这场冲突中的某种暂时的休战罢了。[③] 正如“休假”与“休息日”之间抑

---

① Richard Dawkins, *River out of Eden: A Darwinian View of Life* (New York: Basic Books, 1995), pp. 9 – 10.

② 参见，例如 Misia Landau, "Human Evolution as Narrative," *American Scientist* 72 (1984): 262 – 68; Ian Tattersall, *The Fossil Trail: How We Know What We Think We Know about Human Evolution* (New York: Oxford University Press, 1995), pp. 114 – 115; Stringer and McKie, African Exodus, pp. 32 – 33; Ian Tattersall and Jeffrey H. Schwartz, *Extinct Humans* (Boulder, Colo.: Westview, 2000), pp. 236 – 238; John N. Wilford, "When Humans Became Human," *New York Times*, 26 February 2002, sec. F, pp. 1, 5; Natalie Angier, "Cooking and How It Slew the Beast Within," *New York Times*, 28 May 2002, sec. F, pp. 1 – 6.

③ Barry S. Strauss, "The Problem of Periodization: The Case of the Peloponnesian War," in *Inventing Ancient Culture: Historicism, Periodization, and the Ancient World*, edited by Mark Golden and Peter Toohey (London: Routledge, 1997), pp. 165 – 175.

或“生理期”与只是“污渍”之间的区别一样[1]，仅仅是 98
“暂时”的休战与全面的“持久”和平之间的唯一区别在于，二者从社会心理的意义上被嵌套进了不同的时间块当中。

类似地，如今并非所有以色列人都接受官方的阿以冲突民族记忆（譬如在国家正式授予退伍军人的勋章上即有所体现），其中包含着五场不同的“战争”：1948—1949 年的独立战争、1956 年的西奈战役、1967 年的六日战争、1973 年的赎罪日战争、1982 年的黎巴嫩战争。我们从图 21 中可以看到，历史主分派[2]还会给这个单子添加上 1929 年的阿拉伯暴动、1936—1939 年的阿拉伯起义、1953—1956 年的一系列边境事件和以色列的报复、1967—1970 年的所谓消耗战（其间以色列在总伤亡人数上几乎超过了六日战争）[3]、1987—1993 年的第一次巴勒斯坦人大起义，还有仍在进行当中的阿克萨起义。而反之，历史主合派则基本上想象了一场单一的、本质上连续的阿以冲突，这场冲突至少从第一次世界大战结束以来就持续不断。迟至 2001 年，阿里埃勒·沙龙总理都还在讲，“独立战争尚未结束。1948 年只是其中

---

① E. Zerubavel, *Patterns of Time in Hospital Life*, pp. 99 - 100; Foster, “Menstrual Time,” pp. 538 - 539.

② 也可参见 J. H. Hexter, *On Historians: Reappraisals of Some of the Makers of Modern History* (Cambridge, Mass.: Harvard University Press, 1979), pp. 242 - 243.

③ 参见 Zeev Schiff and Eitan Haber, eds., *Israel, Army, and Defense: A Dictionary* (in He-brew) (Jerusalem: Zmora, Bitan, Modan, 1976), pp. 15, 182.

一章”[①]。

99

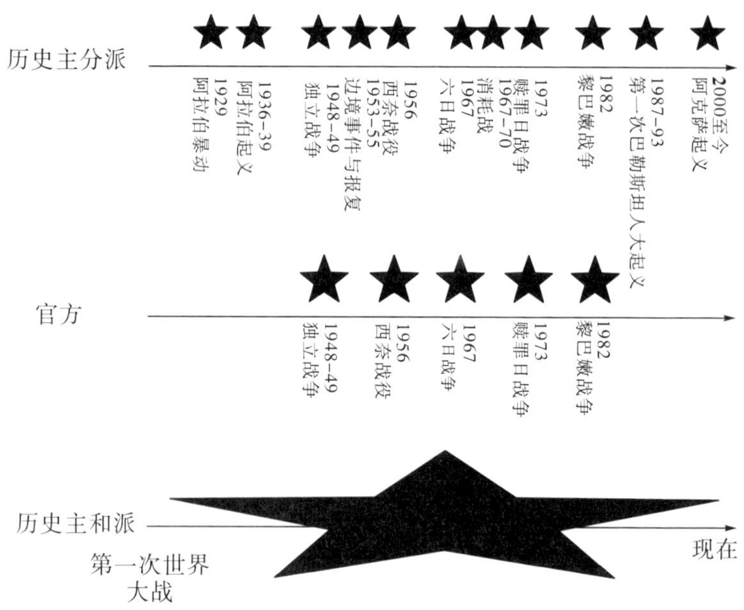

图 21　以色列的阿以冲突记忆观

正如温斯顿·丘吉尔那个著名的认识论困境——1942年英军在北非对德军的胜利究竟只是第二次世界大战“序幕之结束”，抑或是其“结束之序幕”——一样，主合派与主分派之间的这种分类学争议永远都不可能像在动物学中那样得到决定性的解决。尽管如此，在这些竞争性的记忆观之间做出抉择绝非斤斤计较。例如，屠杀平民的道德意涵便可能视其发生于“战时”还是“战后”而大相径庭。

---

① *Ha'aretz weekly supplement*, 13 April 2001.

当然，这在很大程度上取决于我们将战争“爆发”定位于何处。正如《万日战争：越南，1945—1975》等著作的标题[1]所折射的，尽管在我们大多数人的记忆中，越南战争始于20世纪60年代，但人们也可能会回想起一场漫长得多的冲突，它始于1945年越南宣布独立，而并不像我们通常所做的那样，从心理上细分出法国与美国两个阶段。[2] 同样，对大多数欧洲人而言，第二次世界大战始于1939年德国入侵波兰；对许多美国人而言，这场大战却始于两年之后的珍珠港袭击；对日本帝国主义者而言，他们则似乎将其记忆为一场始于1931年日本侵占中国东北的“十五年战争”。[3] 事实上，人们甚至可能会在其记忆中将“一战”与“二战”合而为一，将其当作1914—1945年同一场冲突的两个不同阶段。例如，一名德国军官在1940年法国投降后这样写道：“如今，在法国的伟大战役结束了。它持续了26年之久！”[4]

这样的记忆选择当然影响着我们对实际冲突责任的归因方式。举例而言，是从1965年还是1961年开始叙述美国对

---

① Michael Maclear, *The Ten Thousand Day War: Vietnam, 1945 - 1975* (Toronto: Methuen, 1981).

② 也可参见 Marilyn B. Young, *The Vietnam Wars 1945 - 1990* (New York: Harper Collins, 1991); Strauss, "The Problem of Periodization," p. 165.

③ Ian Buruma, *The Wages of Guilt: Memories of War in Germany and Japan* (New York: Farrar Straus Giroux, 1994), p. 48.

④ Alistair Horne, *To Lose a Battle: France* 1940 (Boston: Little, Brown & Co., 1969), p. 584.

越南的介入，这显然决定着我们最终是想让约翰逊政府还是让肯尼迪政府对此负责。当然，这也同样适用于我们想要将第二次巴勒斯坦人大起义的实际爆发原因追溯至 2000 年 9 月 28 日沙龙挑衅地造访圣殿山，还是追溯至第二天巴勒斯坦人抗议他造访圣殿山而发生的暴力骚乱。[1] 这种看似微不足道的历史观差异往往会引发激烈的记忆之争，这跟小孩子围绕打架起因的愤怒争执（“妈妈，是她先挑起的!”）颇有几分异曲同工。譬如，美国人对日本人将广岛、长崎的原子弹爆炸说成平白无故的袭击大为光火。[2] 与此同时，他们却
100 通常从 1990 年伊拉克看似平白无故地入侵科威特开始其海湾战争叙事，而这与标准的伊拉克叙事之间又构成了鲜明对照，后者再往回推了将近一个世纪，追溯至科威特还是伊拉克不可分割的一部分之时!

类似地，基地组织的领导人将当前抗美战争的实际爆发原因追溯至 1998 年 8 月美国巡航导弹袭击其阿富汗营地[3]，并由此便利地忽略了他们两周以前对美国驻非洲两个大使馆的袭击。而与此形成鲜明对照的是，美国通常从三年以后针

① James Bennet, “Year of Intifada Sees Hardening on Each Side,” *New York Times*, 28 September 2001, sec. A, p. 3.

② 参见，例如 Bill Powell, “The Innocents of WW II?” *Newsweek*, 12 December 1994, p. 53; Roy F. Baumeister and Stephen Hastings, “Distortions of Collective Memory: How Groups Flatter and Deceive Themselves,” in *Collective Memory of Political Events: Social Psychological Perspectives*, edited by James W. Pennebaker et al. (Mahwah, N. J.: Lawrence Erlbaum, 1997), pp. 284 – 285.

③ Don Van Natta and James Risen, “Investigators Say Evidence Points to Bin Laden Aides as Planning Attack,” *New York Times*, 8 October 2001, sec. B, p. 7.

对世贸中心、五角大楼的臭名昭著的“9·11袭击”开始其叙事。事实上，这正是美国会坚定不移地将其2001年的阿富汗行动说成明显“报复性的”之原因，而美国的各大电视网亦将此行动置于“美国反击”的题目下来大做文章。正如巴勒斯坦人和以色列人在整个第二次巴勒斯坦人大起义期间所一再证明的，人们通过把己方行动说成一种反应（“报复”或“复仇”），便可以从根本上将挑起冤冤相报的责任归咎于对方。

不妨再想想任何试图对当前科索沃塞阿两族之间的冲突给出一个公允历史叙事的严肃努力为什么都注定会遭遇无解之困境吧！譬如，这样的叙事应该从1999年塞族针对科索沃阿族的暴行开始讲起，还是应该试图将这些暴行置于某种“更深”的历史脉络当中？若选择后者，那么故事应该从南斯拉夫总统铁托1974年决定准予科索沃省自治讲起，还是应该从1912年塞族占领科索沃讲起？人们是否应该再往回一直追溯至1683—1699年土耳其与奥地利的战争？土-奥之战造成了数十万塞族人于1690年离开科索沃省的“大迁徙”，从而帮助阿族一举成为那里的最大族群共同体。①

不出人们所料，阿族通常从1690—1912年的某个时点开始其叙事。他们还会特别指出，当1912年塞尔维亚征服科索沃时，科索沃本质上是阿尔巴尼亚的一个省份。反之，

① 参见 Noel Malcolm, *Kosovo: A Short History*, updated ed. (New York: HarperPerennial, 1999), pp. 139-162, 251-252, 327.

塞族要么更偏爱某个更早的历史“起始”之点（譬如，他们会特别指出，“大迁徙”之前的科索沃人口以塞族人为主），要么更偏爱一个比他们1912年重新征服该省晚得多的“起始”之点！在这场冲突中，双方显然都倾向于将己方叙事视作唯一正确的叙事。然而，倘若要提供一个公允的历史叙事，则需要双方都表现出某种诚意，即愿意切切实实地考量带有多元开端的多元叙事。

第5章　开　端 101

开端具有特殊的记忆地位，这鲜明地体现在关于新生入学头几周的记忆在我们整个大学记忆中占有极大的分量。[①]这也可以解释“起源神话”在界定社会团体和巩固政权正当性中扮演的重要角色。

起源有助于表达身份认同，各个社群将其开端置于何处可以告诉我们诸多关于他们如何看待自身的信息。举例而言，在巴黎的先贤祠中，以496年法兰克国王克洛维一世在托尔比亚克战役中战胜阿勒曼尼人之后接受洗礼为内容而创作的壁画，旨在专门展现一个明确信奉基督教的法兰西之诞生。同样，约旦和索马里都将穆罕默德的诞辰作为国家节日来正式纪念，这也凸显了它们作为伊斯兰民族-国家的身份。

事实上，在我检视了其国历的191个国家中，有176个

---

① David B. Pillemer, *Momentous Events*, *Vivid Memories* (Cambridge, Mass.: Harvard University Press,1998),pp. 88 -91.

国家专门为正式纪念其精神“起源”设立了一个或多个国家节日。奥地利人将其国历上 11 天中的 10 天指定为纪念性节日（圣母无染原罪节、圣诞节、主显节、复活节星期一、耶稣升天节、基督圣体节、圣灵降临节星期一、圣斯德望日、圣母蒙召升天节、万圣节），以正式纪念他们确凿无疑的基督教起源。颇为类似的情形亦可见于印度（17 个全国纪念性节日中的 14 个专为纪念其印度教、佛教、耆那教、
102 基督教、伊斯兰与锡克教之“根”）、埃塞俄比亚（11 天中的 9 天为纪念性节日）、西班牙（12 天中的 10 天为纪念性节日）、印度尼西亚（9 天中的 8 天为纪念性节日）、塞内加尔（13 天中的 11 天为纪念性节日）、列支敦士登（14 天均为纪念性节日）。实际上，基督教诞辰在 149 个国家、伊斯兰教诞辰在 46 个国家分别被正式作为国家节日而加以纪念，即圣诞节和先知诞辰。

对于“起源”的社会性纪念绝不仅仅局限于国家或宗教团体，也同样体现于各种周年纪念当中，诸如城市、大学、公司借此庆祝其成立的历史时刻，情侣也借此纪念其婚礼。确实，庆祝建国两百周年①与庆祝结婚纪念日之间的区别只是个规模问题。

---

① Lyn Spillman, *Nation and Commemoration: Creating National Identities in the United States and Australia* (Cambridge: Cambridge University Press, 1997).

一、古老性

在这点上，值得注意的是，奥地利在基督教方面的精神起源和约旦在伊斯兰方面的精神起源可以分别“往回”追溯2000年与1400年。而印度的佛教、耆那教、印度教之根，当然就扎得“更深”了。同样，犹太人在逾越节、住棚节、七七节上纪念的事件据说都发生在大约32个世纪以前。

在上文中，我们已经看到，历史深度有助于拓宽我们在旁系谱系关系上的跨度。而现在，我们则会看到，“深化”我们的历史之根也有助于巩固我们的身份与正当性。

与楼高基深一个道理，族谱在时间上追溯得“愈深”，则愈稳固。正如老同学有时会约着一起“重回”中学母校，以试图巩固彼此之间的关系一样[①]，一个人的族谱“愈深”，其作为子孙后代的地位便愈显赫。比较一下第4代与第10代纯种犬（或马）的冠军即可发现，其族谱“愈深”，则显得愈体面。因此，一旦社会地位是世袭性的，社会精英的谱系往往都格外“深厚”。[②] 这可以解释中国、墨西哥、意大利等国家对于其**古老**文明的巨大自豪感。

① 也参见 Michael A. Katovich and Carl J. Couch, “The Nature of Social Pasts and Their Use as Foundations for Situated Action,” *Symbolic Interaction* 15, no. 1 (1992): 25 -47.

② Alex Shoumatoff, *The Mountain of Names: A History of the Human Family* (New York: Simon and Schuster, 1985), pp. 62 -63, 69, 78.

不妨再想想20世纪70年代亚历克斯·哈利的小说《根》的出版以及随后被改编为电视连续剧而产生的社会记忆作用。在这本标题起得恰如其分的畅销书中，哈利从追溯至1750年他生活于冈比亚的远祖父母开始讲起①，这样自然便革新了我们对于美国黑人历史的想象方式。他从其祖先
103 仍身为自由人生活于西非开始讲起，由此从根本上终结了围绕非裔美国人的传统欧洲中心观之记忆霸权。这种观念认为，非裔美国人只有在身为奴隶而与盎格鲁裔美国人扯上关系以后，才得以“进入”历史。

难怪有些社会群体经常会对其象征意义上一脉相承的创始祖先推崇备至，有时甚至还会有意识地根据始祖来命名，譬如路德教徒、玻利维亚人等群体皆是如此。② 这也是为什么日本每年都会在建国日纪念26个世纪以前传说中的开国天皇神武即位，以及为什么最重要的穆斯林节日（古尔邦节）会跟亚伯拉罕相关。此外，阿拔斯王朝、法蒂玛王朝以及教皇的传统意象基本上都是一条不间断的承继线，可以一直“回溯”至穆罕默德的家人和耶稣的门徒彼得。这种对于古老性的追求，也可以解释为什么伊朗的末代国王要竭力编织一条长达2500年、看似平滑无缝的象征之线，将他自己与波斯开国皇帝居鲁士连结在一起③，尽管一个令人尴

---

① Alex Haley, *Roots* (Garden City, N. Y.: Doubleday, 1976), p. 1.

② 也参见 Meyer Fortes, "The Significance of Descent in Tale Social Structure," in *Time and Social Structure and Other Essays* (London: Athlone Press, 1970), p. 41.

③ Bernard Lewis, *History: Remembered, Recovered, Invented* (Princeton, N. J.: Princeton University Press, 1975), p. 101. 也可参见 p. 41.

尬的事实是，巴列维“王朝”实际上只能往上一代，回溯至其父亲！

我们从时间上回溯得“愈深”，对始祖的选择范围自然愈开阔。就像密西西比河、尼罗河一样，我们也拥有不止一个单一的谱系“来源”。毕竟，哪怕我只“往上”追溯三代，也可以经由我外祖母的父母、我外祖父的父母、我祖母的父母、我祖父的父母，而追寻出不下8个不同的“起源”，并且其数量还会随着回溯时间走得“愈深”，而呈指数级增长。鉴于存在通婚和移民等现实情形，这种多重起源往往会带出多重族裔、民族与种族的身份。[①] 毕竟，即使像威廉·杜波伊斯这样一个黑人民族主义者，也可以将起源追溯至其荷兰的（而非非洲的）“根源”。[②]

二、优先性

企图建立“深厚”的族谱，可能还会带出对于古老的（有时是已然湮灭的）群体身份之复兴。在19世纪到20世

① 例如，参见 Mary C. Waters, *Ethnic Options: Choosing Identities in America* (Berkeley and Los Angeles: University of California Press, 1990); Kwame A. Appiah, *In My Father's House: Africa in the Philosophy of Culture* (New York: Oxford University Press, 1992), p. viii; Johanna E. Foster, "Feminist Theory and the Politics of Ambiguity: A Comparative Analysis of the Multiracial Movement, the Intersex Movement and the Disability Rights Movement as Contemporary Struggles over Social Classification in the United States" (Ph. D. diss., Rutgers University, 2000).

② Appiah, *In My Father's House*, p. 32. 也可参见 pp. 28-31.

104 纪初的东南欧与中东，许多民族主义运动明显受到奥斯曼帝国意料之中的崩溃的启发，试图有效地复兴古代原始民族的地区身份。在过去若干世纪中，这些身份受到伊斯兰记忆霸权的压抑，甚至干脆惨遭遗忘。[①] 因是之故，埃及和希腊的民族主义者基本上各自淡化阿拉伯和奥斯曼征服其领土的重要性，转而竭力强调古埃及与现代埃及之间、古希腊与现代希腊之间的文化连续性。[②] 同样，土耳其的民族主义者也试图从根本上明确建立前伊斯兰时期的民族过去，甚至声称自己与安纳托利亚的赫梯人、弗里吉亚人、特洛伊人以及其他古代居民之间存在谱系关系。而在黎巴嫩，马龙派教徒则大肆渲染其所谓的腓尼基“根源”。[③]

正如这些民族主义运动根据奥斯曼帝国或伊斯兰教来历史性地定位自身的原始民族“起源”这一方式所表明的，古老性往往即意味着优先性。出版一部非但不以 7 世纪的阿拉伯征服为始、反倒以其为终的埃及史[④]显然是为了提醒埃及同胞，他们在阿拉伯人到来以前早已生活于此。同样，如今西班牙人将中世纪晚期基督徒大败摩尔人说成一次“重

① B. Lewis, *History*, pp. 31 - 41.

② David C. Gordon, *Self-Determination and History in the Third World* (Princeton, N. J.: Princeton University Press, 1971), p. 98; Michael Herzfeld, *Ours Once More: Folklore, Ideology, and the Making of Modern Greece* (New York: Pella, 1986), p. 40; Israel Gershoni and James P. Jankowski, *Egypt, Islam, and the Arabs: The Search for Egyptian Nationhood, 1900 - 1930* (New York: Oxford University Press, 1986), pp. 143 - 163.

③ Gordon, *Self-Determination and History in the Third World*, pp. 90 - 91, 102 - 103.

④ B. Lewis, *History*, p. 34.

新征服”，他们暗中想要唤起的是对于中世纪早期信奉基督教的（亦即前伊斯兰的）那个西班牙的记忆。当以色列的极端民族主义者将其国家于1967年占领约旦河西岸说成“解放”，同样也旨在唤起对古代犹太人已生活于此的记忆，而这明显早于约公元640年阿拉伯人的征服。

简而言之，不管是胡图民族主义者对于晚近才踏足其地盘的图西族人不屑一顾，认为他们不配作为布隆迪民族的正式成员①，还是“有钱人”蔑视所谓的暴发户，其中往往都存在一个将古老性与正当性挂钩的比较面向。同样，我们也会利用历史优先性，为提出财产主张而加持。例如，当我们声称图书馆的泊车位是我们的时，只是因为我们“先”到，于是我们会认为，跟别人相比，“先”到就是一种更大的正当性来源。②

我们用以建立历史优先性的方式具有不可避免的关系性质，要想理解这一点，需要注意的是：举例而言，尽管盎格鲁裔美国人事实上已在北美生活了长达4个世纪，他们与来自韩国或肯尼亚的新移民相比已经相当“古老”，可是他们在印第安人面前却又相形见绌。于是乎，当图22中的这位美国白人指着奇卡诺家族傲慢地宣称“是时候从非法移民

① Lisa H. Malkki, *Purity and Exile: Violence, Memory, and National Cosmology among Hutu Refugees in Tanzania* (Chicago: University of Chicago Press, 1995), pp. 59 - 61.

② David Lowenthal, *Possessed by the Past: The Heritage Crusade and the Spoils of History* (New York: Free Press, 1996), pp. 173 - 191.

手中夺回美国了”时，这位阴沉着脸的印第安人立刻给他上了一堂历史课，悄悄提醒他：“我会帮你收拾行李！”跟原住民相比，美国白人当然就跟奇卡诺一家人一样，也是个“非法移民”。

105

图 22　“是时候从非法移民手中夺回美国了！”

《圣地亚哥联合论坛报》，1994 年。史蒂夫·凯利，科普利新闻社。

但是，请谨记一点：甚至连“原住民”这一地位归根结底也是关系性的，从根本上说是一种别人晚于你而踏足你的地盘所带来的结果。毕竟，倘若我们将柏柏尔人视作北非的“**原始**”居民[①]，只是因为他们比阿拉伯人先到那里。虽

---

① New York Times, 15 June 2001, sec. A, p. 8.

然“美洲土著”（或者按照加拿大的讲法，“第一民族”）、“土著人”以及“原生文化”等极具煽动性的标签暗中将其持有者说成他们生活的土地上原始自然景观之一部分，但这些标签其实都是白人强加到他们身上的，只是因为他们在欧洲人抵达之前早已宅兹美洲！鉴于我们对优先性与正当性的这种挂钩方式，难怪会存在如此多的记忆之争。其中，各方
基本上都搬出更早的“起源”，并由此暗中挑战对方叙事中 106
作为可接受的历史起点之开端的有效性，竭力赶超对方，仿佛都在以某种方式声称“我的过去比你的过去更加源远流长”。罗马尼亚的民族主义者自称拥有罗马血统，大肆渲染在特兰西瓦尼亚这一存在高度争议性的地区发现的古罗马定居点的考古证据。这与匈牙利的民族主义者形成了鲜明对照，他们在其历史教科书中往往尽量权宜地避而不提那些明确无误的前匈牙利定居点。[①] 同样，在以色列，为了从根本上挑战犹太复国主义者对于巴勒斯坦现代犹太定居点的世俗叙事，民族宗教运动的历史教科书不从1882年“第一个移民以色列的犹太人”开始讲起，而是从1777年一群从白俄罗斯来到巴勒斯坦的哈西德朝圣者开始讲起。[②] 当欧盟计划

① Celestine Bohlen,"In Transylvania,the Battle for the Past Continues,"*New York Times*,18 March 1990,International section,p. 16. 这方面,也可参见 Nadia Abu El-Haj, *Facts on the Ground: Archaeological Practice and Territorial Self-Fashioning in Israeli Society* (Chicago:University of Chicago Press,2001).

② Israel Bartal,"Invented First Aliya:How Counter-History Works in Religious Zionism"(paper presented at the Annual Meeting of the Association for Jewish Studies, Chicago,December 1999).

建立第一座专门用以描述欧洲“大陆”历史的博物馆时，这种记忆之争的政治意味也同样表现得相当露骨。有人提议展览从9世纪查理大帝（显然是法德帝国）开始讲起，这显然激怒了希腊，而后者强调欧洲文明的“起源”必须再正式地往回推13个世纪，回到古典时期。[①]

同样，我们从图23中可以看到，尽管塞族声称科索沃为其祖先（南斯拉夫人）在6世纪时的原始定居之地（远早于随着1690年“大迁徙”之后因奥斯曼帝国而来的阿尔巴尼亚化），然而阿族却喜欢提醒前者：当南斯拉夫人首次抵达科索沃时，自己的祖先（即在他们之前已经在此生活了许许多多世纪的古代伊利里亚部落）早已在此安居乐业。[②] 同样，我们从图24中可以看到，尽管阿拉伯人基本上认为以色列人是很晚才来到“巴勒斯坦”的篡位者，但后者一直强调犹太人在7世纪阿拉伯人征服“以色列之地”之前早已生活于此。[③] 而巴勒斯坦人为了竭力超越他们，进一步“往上”回溯，大肆渲染自己更早的非利士之根。当他们挑战犹太人对于存在高度争议性的耶路撒冷城提出的主张

---

① Michael Z. Wise, "Idea of a Unified Cultural Heritage Divides Europe," *New York Times*, 29 January 2000, sec. B, pp. 9 – 11.

② Michael T. Kaufman, "Two Distinct Peoples with Two Divergent Memories Battle over One Land," *New York Times*, 4 April 1999, International section, p. 10. 也可参见 Noel Malcolm, *Kosovo: A Short History*, updated ed. (New York: HarperPerennial, 1999), pp. 22 – 23, 28 – 30.

③ Yael Zerubavel, *Recovered Roots: Collective Memory and the Making of Israeli National Tradition* (Chicago: University of Chicago Press, 1995), pp. 15 – 36.

时，同样声称自己与古代耶布斯人一脉相承：根据圣经记载，耶布斯人在三千年前被大卫王征服之前便已宅兹耶城。[①] 正如他们声称自己与其他“原生”迦南人一脉相承一样，这些迦南人在被约书亚征服之前，早已在此安居乐业了若干世纪。许多犹太人当然会认为这种主张有点微不足道，因为上帝甚至在更早以前就已向亚伯拉罕承诺了“应许之地”！

107

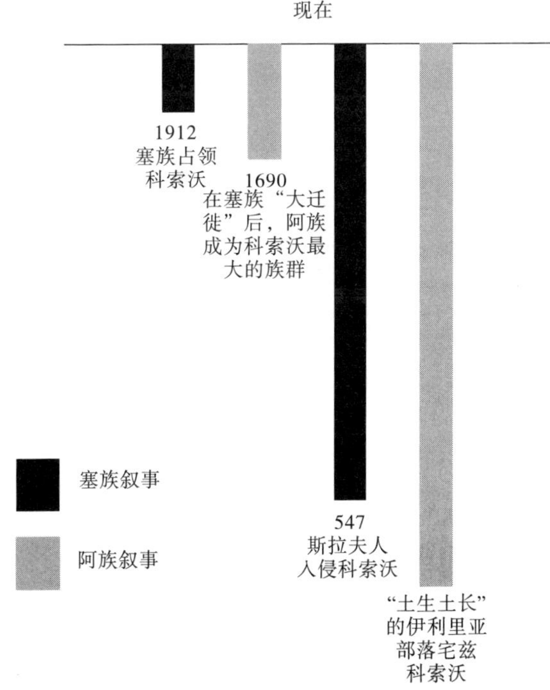

图23　塞阿两族对于科索沃的历史主张

---

① Jeffrey Goldberg, “Israel's Y2K Problem,” *New York Times Magazine*, 3 October 1999, p. 77.

历史优先性的政治也进一步带给了我们关于记忆斩首逻辑的某种洞见，因为汲汲于这种优先性偶尔也会被政治权宜之计抵消。毕竟，举例而言，鉴于阿族的叙事更加具有历史“深度”，从而自然使塞族将其科索沃记忆延伸至6世纪以前的举动变得毫无意义。这也可以解释下面这个看似奇特的选择：在一个公开的、半官方的以色列牌匾上，将1840年作为真正的历史起点；牌匾通过统计学的方式，在诉说着耶路撒冷的人口史。在有人口普查记录以来的历史上，这一年适逢犹太人终于首次超过了穆斯林与基督徒，而一举成为这座富有争议的城市中的最大宗教团体。

108

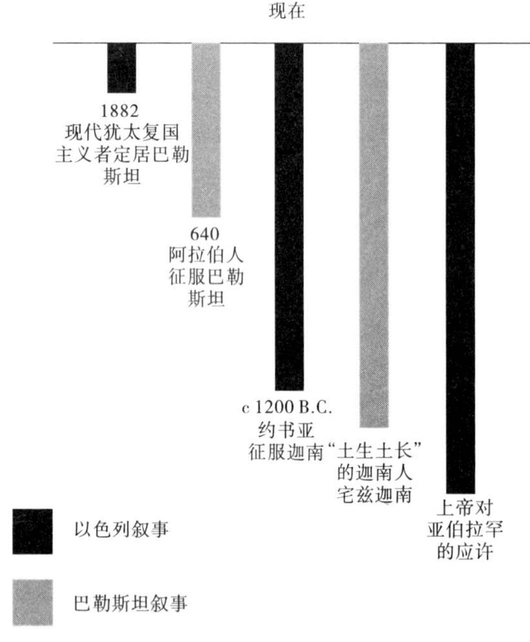

图 24　阿拉伯人和犹太人对于巴勒斯坦的历史主张

图23和图24还提醒我们，古老性本身乃是相对的，任何特定历史事件发生于多久以前这一问题所具有的意义通常是它相对于其他事件而言的时间落点之函数。因是之故，一位犹太民族主义者为了驳斥巴勒斯坦人关于“阿克萨清真寺乃是以色列人所谓的圣殿山”① 的暗示，声称因“该址上的第一座建筑……是古代的以色列圣殿。……故应当优先考虑希伯来语的讲法 Har ha-Bayit”，接着又补充道，“只 109
是……到了7世纪，阿克萨清真寺一词才被用于称呼这个遗址”。② 从他对这个词语明显不屑一顾的使用中可见，经常会有相当长的历史距离被琐屑化为赶超过程中之一部分。面对1988年庆祝英国人定居澳洲两百周年这一想法，一些原住民冷嘲热讽，说什么“四万年竟然不敌一个区区两百周年”③。

要想充分理解历史上的物件与事件具有的记忆意义，我们有必要参照实际的“时间地图”，这样才能帮助我们将其置于富有社会意义的历史脉络当中来加以定位。举例来说，在犹太定居者的记忆“地图”上，约旦河西岸一座有着700年历史的清真寺看上去并未古老得多么森然。他们声称，2000年前，它作为犹太人的礼拜场所而修建，事实上“只

---

① Rashid I. Khalidi, “What ‘Final Status’?” New York Times, 3 October 1996, sec. A, p. 23.

② Gary A. Rendsburg, “Archeological Fairness,” *New York Times*, 11 October 1996, sec. A, p. 38.

③ Lyn Spillman, “When Do Collective Memories Last? Founding Moments in the United States and Australia,” *Social Science History* 22 (1998): 463.

是从 1267 年以来”，它才开始发挥清真寺的作用。[①] 尽管塞族在科索沃的存在已经超过了 14 个世纪，但他们在阿族记忆“地图”上的历史分量也照样被大打折扣，因此，他们孤注一掷地回溯远在公元 6 世纪以前的历史，也就不难理解。

若是不坚持以这种“时间地图”作为总体的方向指南，那么几乎无法理解围绕科索沃、耶路撒冷、美洲或澳洲定居点的记忆之争，因为历史上的物件与事件的意义注定会跟这些异常关键的心理结构纠缠在一起，而这些物件与事件从社会记忆上说，都处于心理结构当中。此外，要想充分理解这种记忆之争的微妙复杂性，我们还必须谨记一点：在任何给定的点上，通常都有不止一张这样的“地图”可供我们参考！

众所周知，在这种激烈的记忆之争中，双方通常都会立足于己方典型片面的“时间地图”来展开历史叙事，并且倾向于将其视作唯一正确的叙事。而鉴于此叙事乃是专门旨在推进党派的政治议程，这倒也是完全可以理解的。一个更冷静、无党派、因而不偏不倚的历史叙事需要人们或多或少表现出一种诚意，愿意去考量多重叙事，而多重叙事又不可避免地暗含着对于过去抱持多重视角的可能性。

然而，与人们对历史实证主义多多少少都有点虚无主义的“后现代”批评不同，这种明显的多元历史观并不必然

① David Remnick,“The Outsider,”The New Yorker,25 May 1998,pp. 86 - 88.

意味着无视所记忆事物的真实性，因为它批评的主要对象不是历史客观性本身，而是一种对于过去采取单一视角的普遍倾向。毕竟，我们没有理由不认为巴勒斯坦和以色列关于耶 110
路撒冷的历史叙事都在很大程度上是实事求是的，在塞阿两族对于科索沃的历史叙事、冰西两国对于欧洲“发现”美洲的叙事上，亦复如是。历史偏见的问题不仅在于故意捏造、歪曲、遗漏事实，而且也在于带有露骨的党派性和政治动机的记忆选择，而这种记忆选择会促使人们摒弃或忽视除己方历史叙事之外的任何其他历史叙事。

在这种冲突情形之下，双方从过去中记忆什么虽不必然但也主要会以事实作为基础，并且双方激烈的记忆之争通常也围绕这些事实在各自大相径庭、经常彼此竞争的“时间地图”上的特定记载方式而唇枪舌剑。正如我在本书中所证明的，我们的脑海中不但拥有组织过去的各种不同模式，而且也拥有使之各安其位的各种不同方法。我们只有本着一种明确的多元视角之眼光[①]，同时地观瞻多幅这样的“地图”，才能获得一幅完整的画卷，并由此浮现出关于过去的多层次、多面向的社会地形。

---

① Karl Mannheim, *Ideology and Utopia: An Introduction to the Sociology of Knowledge* (New York: Harvest Books, 1936), pp. 12, 33.

参考文献

Abbott, Andrew. " On the Concept of the Turning Point." *Comparative Social Research* 16 (1997):85 –105.

Abbott, Edwin A. *Flatland: A Romance of Many Dimensions*. New York: Dover, 1992. Originally published in 1884.

Abu El-Haj, Nadia. *Facts on the Ground: Archaeological Practice and Territorial Self-Fashioning in Israeli Society*. Chicago: University of Chicago Press, 2001.

Allen, Frederick. "They're Still There: The Oldest Business in America." *American Heritage of Invention and Technology* 15, no. 3 (2000):6.

Almog, Oz. *The Sabra: The Creation of the New Jew*. Berkeley and Los Angeles: University of California Press, 2000. Originally published in 1997.

Andrews, George G. " Making the Revolutionary Calendar." *American Historical Review* 36 (1931): 515 –532.

Angier, Natalie. "Do Races Differ? Not Really, Genes Show." *New*

York Times, 22 August 2000, sec. F, pp. 1 – 6.

——. "Cooking and How It Slew the Beast Within." *New York Times*, 28 May 2002, sec. F, pp. 1 – 6.

Annan, Noel. "Between the Acts." *New York Review of Books*, 24 April 1997, pp. 55 – 59.

Appiah, Kwame A. *In My Father's House: Africa in the Philosophy of Culture*. New York: Oxford University Press, 1992.

Apple, R. W. Jr. "A Military Quagmire Remembered: Afghanistan as Vietnam." *New York Times*, 31 October 2001, sec. B, pp. 1, 3.

Assmann, Jan. *Moses the Egyptian: The Memory of Egypt in Western Monotheism*. Cambridge, Mass.: Harvard University Press, 1997.

Ayoub, Millicent R. "The Family Reunion." *Ethnology* 5 (1966): 415 – 433.

Azaryahu, Maoz. "The Purge of Bismarck and Saladin: The Renaming of Streets in East Berlin and Haifa." *Poetics Today* 13 (1992): 351 – 366.

Baker, Hugh. *Chinese Family and Kinship*. New York: Columbia University Press, 1979.

Balázs, Béla. *Theory of the Film: Character and Growth of a New Art*. New York: Dover, 1970. Originally published in 1945.

Barnai, Jacob. *Historiography and Nationalism: Trends in the Research of Palestine and Its Jewish Yishuv*, 634 – 1881 (in

Hebrew). Jerusalem: Magnes Press, 1995.

Bartal, Israel. "'Old Yishuv' and 'New Yishuv': The Image and the Reality." In *Exile in the Homeland: The Settlement of the Land of Israel before Zionism* (in Hebrew), pp. 74 – 89. Jerusalem: Hassifriya Hatziyonit, 1994. Originally published in 1977.

——. "Invented First Aliya: How Counter-History Works in Religious Zionism." Paper presented at the Annual Meeting of the Association for Jewish Studies, Chicago, December 1999.

Bartlett, Frederic C. *Remembering: A Study in Experimental and Social Psychology*. Cambridge: Cambridge University Press, 1932.

Baumeister, Roy F., and Stephen Hastings. "Distortions of Collective Memory: How Groups Flatter and Deceive Themselves." In *Collective Memory of Political Events: Social Psychological Perspectives*, edited by James W. Pennebaker et al., pp. 277 – 293. Mahwah, N. J.: Lawrence Erlbaum, 1997.

Belluck, Pam. "Pilgrims Wear Different Hats in Recast Thanksgiving Tales." *New York Times*, 23 November 1995, sec. A, p. 1; sec. B, p. 7.

Bennet, James. "Hillary Clinton, in Morocco, Says NATO Attack Aims at Stopping Bloodshed." *New York Times*, 31 March 1999, International section, p. A10.

——. "Year of Intifada Sees Hardening on Each Side." *New York*

Times,28 September 2001,sec. A,p. 3.

——. "Sharon Invokes Munich in Warning U. S. on 'Appeasement.'" *New York Times*,5 October 2001,sec. A,p. 6.

Ben-Simon, Daniel. "A Secure Step in a Sealed City" (in Hebrew). *Ha'aretz*, 28 August 1998, p. 14. "The Settlers' Nightmares" (in Hebrew). *Ha'aretz*,23 June 2000,p. 16.

Ben-Yehuda,Nachman. *The Masada Myth: Collective Memory and Mythmaking in Israel*. Madison: University of Wisconsin Press,1995.

Ben-Yehuda, Netiva. *1948: Between the Eras* (in Hebrew). Jerusalem:Keter,1981.

Berezin,Mabel. *Making the Fascist Self: The Political Culture of Interwar Italy*. Ithaca,N. Y.:Cornell University Press,1997.

Berger,Peter L. *Invitation to Sociology: A Humanistic Perspective*. Garden City,N. Y.:Double-day Anchor,1963.

Berger,Peter L.,and Thomas Luckmann. *The Social Construction of Reality: A Treatise in the Sociology of Knowledge*. Garden City,N. Y.:Doubleday,1966.

Bergson,Henri. *Time and Free Will: An Essay on the Immediate Data of Consciousness*. New York: Harper and Row, 1960. Originally published in 1889.

Bernstein,Michael A. *Foregone Conclusions: Against Apocalyptic History. Berkeley and Los Angeles*: University of California Press,1994.

Blackburn, Gilmer W. *Education in the Third Reich: Race and History in Nazi Textbooks*. Albany: State University of New York Press, 1985.

Bohlen, Celestine. "In Transylvania, the Battle for the Past Continues." *New York Times*, 18 March 1990, International section, p. 16.

Böröcz, József. "Sticky Features: Narrating a Single Direction." Paper presented at the "Beginnings and Endings" seminar at the Center for the Critical Analysis of Contemporary Culture, Rutgers University, New Brunswick, N. J., September 1999.

Bouquet, Mary. "Family Trees and Their Affinities: The Visual Imperative of the Genealogical Diagram." *Journal of the Royal Anthropological Institute*, n. s., 2 (1996): 43 – 66.

Bowler, Peter J. *Theories of Human Evolution: A Century of Debate*, 1844 – 1944. Baltimore: Johns Hopkins University Press, 1986.

——. *The Invention of Progress: The Victorians and the Past*. Oxford: Basil Blackwell, 1989.

——. *Life's Splendid Drama: Evolutionary Biology and the Reconstruction of Life's Ancestry*, 1860 – 1940. Chicago: University of Chicago Press, 1996. Bragg, Rick. "Emotional March Gains a Repentant Wallace." *New York Times*, 11 March 1995, sec. A, pp. 1, 9.

Braude, Benjamin. "The Sons of Noah and the Construction of

Ethnic and Geographical Identities in the Medieval and Early Modern Periods." *The William and Mary Quarterly*, 3d ser., 54 (1997): 103–142.

Brekhus, Wayne. "Social Marking and the Mental Coloring of Identity: Sexual Identity Construction and Maintenance in the United States." *Sociological Forum* 11 (1996): 497–522.

Bronowski, Jacob. *The Ascent of Man*. Boston: Little, Brown & Co., 1973.

Brooke, James. "Conquistador Statue Stirs Hispanic Pride and Indian Rage." *New York Times*, 9 February 1998, sec. A, p. 10.

Broom, Robert. "The Pleistocene Anthropoid Apes of South Africa." In *Naming Our Ancestors: An Anthology of Hominid Taxonomy*, edited by W. Eric Meikle and Sue T. Parker, pp. 65–70. Prospect Heights, Ill.: Waveland Press, 1994. Originally published in 1938.

Bruni, Frank, and Katharine Q. Seelye. "Campaign Contrasts Grow Starker." *New York Times*, 2 July 2000, sec. A, p. 11.

Brzezinski, Zbigniew. "Can Communism Compete with the Olympics?" *New York Times*, 14 July 2001, sec. A, p. 15.

Burenhult, Göran. "Modern People in Africa and Europe." In *The First Humans: Human Origins and History to 10,000 B. C.*, edited by Göran Burenhult, pp. 77–95. New York: Harper Collins, 1993.

Burns, John F. "New Babylon Is Stalled by a Modern Upheaval." *New York Times*, 11 October 1990, International section, p. A13.

Buruma, Ian. *The Wages of Guilt: Memories of War in Germany and Japan*. New York: Farrar Straus Giroux, 1994.

Cann, Rebecca L., Mark Stoneking, and Allan C. Wilson. "Mitochondrial DNA and Human Evolution." *Nature* 325 (1987): 31–36.

Cartmill, Matt. "'Four Legs Good, Two Legs Bad': Man's Place (if Any) in Nature." *Natural History* 92 (November 1983): 64–79.

Cavalli-Sforza, Luigi L. Genes, *Peoples, and Languages*. New York: North Point Press, 2000.

Cavalli-Sforza, Luigi L., and Francesco Cavalli-Sforza. *The Great Human Diasporas: The History of Diversity and Evolution*. Reading, Mass.: Addison-Wesley, 1995. Originally published in 1993.

Cavalli-Sforza, Luigi L., Paolo Menozzi, and Alberto Piazza. *The History and Geography of Human Genes*. Abridged pbk ed. Princeton, N. J.: Princeton University Press, 1996.

Cerulo, Karen A. *Identity Designs: The Sights and Sounds of a Nation*. New Brunswick, N. J.: Rutgers University Press, 1995.

Cerulo, Karen A., and Janet M. Ruane. "Death Comes Alive: Technology and the Reconception of Death." *Science as Culture*

6 (1997):444 -66.

Chamberlin, E. R. *Preserving the Past*. London: J. M. Dent, 1979.

Chambers, Robert. *Vestiges of the Natural History of Creation*. Chicago: University of Chicago Press, 1994. Originally published in 1844.

Chancey, Matthew L. " Mrs. Alberta Martin: The Old Man's Darling. " < http:// lastconfederatewidow. com >, accessed 7 February 2002.

Chase's 1997 Calendar of Events. Chicago: Contemporary Publishing Co. ,1996.

Chomsky, Noam. *Year 501: The Conquest Continues*. Boston: South End Press, 1993. Clanchy, M. T. *From Memory to Written Record*: England, 1066 - 1307. Cambridge, Mass. : Harvard University Press, 1979.

Clemens, Samuel L. [Mark Twain, pseud.]. *Life on the Mississippi*. New York: Magnum Easy Eye Books, 1968. Originally published in 1883.

Cohen, Roger. " Anniversary Sets Germans to Quarreling on Holocaust. " *New York Times*, 10 November 1998, International section, p. A16.

Collins, Randall. *The Sociology of Philosophies: A Global Theory of Intellectual Change*. Cambridge, Mass. : Harvard University Press, 1998.

Comte, Auguste. *Cours de Philosophie Positive*. In *Auguste Comte and Positivism: The Essential Writings*, edited by Gertrud Lenzer, pp. 71 – 306. New York: Harper Torchbooks, 1975. Originally published in 1830 – 1842.

Connerton, Paul. *How Societies Remember*. Cambridge: Cambridge University Press, 1989.

Coon, Carleton S. *The Origin of Races*. New York: Alfred A. Knopf, 1962.

Cooper, Nancy, and Christopher Dickey. "After the War: Iraq's Designs." *Newsweek*, 8 August 1988, pp. 34 – 35.

Coser, Lewis A., and Rose L. Coser. "Time Perspective and Social Structure." In *Modern Sociology: An Introduction to the Science of Human Interaction*, edited by Alvin W. Gouldner and Helen P. Gouldner, pp. 638 – 647. New York: Harcourt, Brace & World, 1963.

Crocker, Lester. "Diderot and Eighteenth Century French Transformism." In *Forerunners of Darwin: 1745 – 1859*, edited by Bentley Glass et al., pp. 114 – 143. Baltimore: Johns Hopkins University Press, 1959.

Cummings, Edward E. *Complete Poems*. New York: Harcourt Brace Jovanovich, 1972.

Daniel, Clifton. *Chronicle of America*. Mount Kisco, N. Y.: Chronicle Publications, 1989.

——. *The Twentieth Century Day by Day*. London: Dorling

Kindersley, 2000.

Dankner, Amnon, and David Tartakover. *Where We Were and What We Did: An Israeli Lexicon of the Fifties and the Sixties* (in Hebrew). Jerusalem: Keter, 1996.

Dart, Raymond A. "Australopithecus Africanus: The Man-Ape of South Africa." In *Naming Our Ancestors: An Anthology of Hominid Taxonomy*, edited by W. Eric Meikle and Sue T. Parker, pp. 53 – 70. Prospect Heights, IL.: Waveland Press, 1994. Originally published in 1925.

Darwin, Charles. *The Origin of Species*. New York: Mentor Books, 1958. Originally published in 1859.

——. *The Descent of Man and Selection in Relation to Sex*. Amherst, N. Y.: Prometheus, 1998. Originally published in 1871.

Davis, Eric. "The Museum and the Politics of Social Control in Modern Iraq." In *Commemorations: The Politics of National Identity*, edited by John R. Gillis, pp. 90 – 104. Princeton, N. J.: Princeton University Press, 1994.

Davis, Fred. *Yearning for Yesterday: A Sociology of Nostalgia*. New York: Free Press, 1979.

——. "Decade Labeling: The Play of Collective Memory and Narrative Plot." *Symbolic Interaction* 7, no. 1 (1984): 15 – 24.

Davis, Murray S. *Smut: Erotic Reality/Obscene Ideology*. Chicago: University of Chicago Press, 1983.

Dawkins, Richard. *River out of Eden: A Darwinian View of Life*. New York: Basic Books, 1995.

DePalma, Anthony. "In the War Cry of the Indians, Zapata Rides Again." *New York Times*, 27 January 1994, International section.

Desmond, Adrian. *Archetypes and Ancestors: Palaeontology in Victorian London* 1850 – 1875. Chicago: University of Chicago Press, 1984. Originally published in 1982.

Diamond, Jared. *The Third Chimpanzee: The Evolution and Future of the Human Animal*. New York: HarperCollins, 1992.

Domínguez, Virginia R. *White by Definition: Social Classification in Creole Louisiana*. New Brunswick, N. J.: Rutgers University Press, 1986.

Douglas, Mary. *How Institutions Think*. Syracuse, N. Y.: Syracuse University Press, 1986.

Dowd, Maureen. "Center Holding." *New York Times*, 20 May 1998, sec. A, p. 23.

Durkheim, Emile. *The Elementary Forms of Religious Life*. New York: Free Press, 1995. Originally published in 1912.

Ebaugh, Helen R. F. *Becoming an Ex: The Process of Role Exit*. Chicago: University of Chicago Press, 1988.

Eldredge, Niles, and Stephen J. Gould. "Punctuated Equilibria: An Alternative to Phyletic Gradualism." In *Models in Paleobiology*, edited by Thomas J. Schopf, pp. 82 – 115. San

Francisco: Freeman, Cooper, & Co., 1972.

Eliade, Mircea. *The Sacred and the Profane: The Nature of Religion*. New York: Harcourt, Brace & World, 1959. Originally published in 1957.

Erikson, Kai T. *Everything in Its Path: Destruction of Community in the Buffalo Creek Flood*. New York: Simon and Schuster, 1976.

Europa World Year Book 1997. London: Europa Publications, 1997.

Evans-Pritchard, Edward E. *The Nuer: A Description of the Modes of Livelihood and Political Institutions of a Nilotic People*. London: Oxford University Press, 1940.

Fabian, Johannes. *Time and the Other: How Anthropology Makes Its Object*. New York: Columbia University Press, 1983.

Fain, Haskell. *Between Philosophy and History: The Resurrection of Speculative Philosophy of History within the Analytic Tradition*. Princeton, N. J.: Princeton University Press, 1970.

Faison, Seth. "Not Equal to Confucius, but Friends to His Memory." *New York Times*, 10 October 1997, International section.

Ferguson, Wallace K. *The Renaissance*. New York: Henry Holt, 1940.

Firth, Raymond. "A Note on Descent Groups in Polynesia." In *Kinship and Social Organization*, edited by Paul Bohannan and

John Middleton, pp. 213 – 223. Garden City, N. Y.: *American Museum of Natural History*, 1968. Originally published in 1957.

Fischer, David H. *The Great Wave: Price Revolutions and the Rhythm of History*. New York: Oxford University Press, 1996.

Fivush, Robyn, Catherine Haden, and Elaine Reese. "Remembering, Recounting, and Reminiscing: The Development of Autobiographical Memory in Social Context." In *Remembering Our Past: Studies in Autobiographical Memory*, edited by David C. Rubin, pp. 341 – 358. Cambridge: Cambridge University Press, 1996.

Flaherty, Michael G. *A Watched Pot: How We Experience Time*. New York: New York University Press, 1999.

Forrest, Thomas R. "Disaster Anniversary: A Social Reconstruction of Time." *Sociological Inquiry* 63 (1993): 444 – 456.

Fortes, Meyer. "The Significance of Descent in Tale Social Structure." In *Time and Social Structure and Other Essays*, pp. 33 – 66. London: Athlone Press, 1970. Originally published in 1943 – 1944.

——. "Descent, Filiation, and Affinity." In *Time and Social Structure and Other Essays*, pp. 96 – 121. London: Athlone Press, 1970. Originally published in 1959.

Foster, Johanna E. "Menstrual Time: The Sociocognitive Mapping of ' The Menstrual Cycle. ' " *Sociological Forum* 11 (1996): 523 - 547.

——. " Feminist Theory and the Politics of Ambiguity: A Comparative Analysis of the Multiracial Movement, the Intersex Movement and the Disability Rights Movement as Contemporary Struggles over Social Classification in the United States." Ph. D. diss., Rutgers University, 2000.

Freeman, J. D. "On the Concept of the Kindred." In *Kinship and Social Organization*, edited by Paul Bohannan and John Middleton, pp. 255 - 272. Garden City, N. Y.: *American Museum of Natural History*, 1968. Originally published in 1961.

Freud, Sigmund. Civilization and Its Discontents. New York: W. W. Norton, 1962. Originally published in 1930.

Friday, Adrian E. "Human Evolution: The Evidence from DNA Sequencing." In *The Cambridge Encyclopedia of Human Evolution*, edited by Steve Jones et al., pp. 316 - 321. Cambridge: Cambridge University Press, 1992.

Friedberg, Avraham S. *Zikhronot le-Veit David* (in Hebrew). Ramat Gan, Israel: Masada, 1958. Originally published in 1893 - 1904.

Frisch, Michael. "American History and the Structures of Collective Memory: A Modest Exercise in Empirical Iconography." *Journal of American History* 75 (1989): 1130 - 1155.

Gamble, Clive. *Timewalkers: The Prehistory of Global Colonization*. Cambridge, Mass.: Harvard University Press, 1994.

Gangi, Giuseppe. *Rome Then and Now*. Rome: G & G Editrice, n. d.

Garfinkel, Harold. "Passing and the Managed Achievement of Sex Status in an 'Intersexed' Person." In *Studies in Ethnomethodology*, pp. 116 – 185. Englewood Cliffs, N. J.: Prentice-Hall, 1967.

Geertz, Clifford. "The Impact of the Concept of Culture on the Concept of Man." In *The Interpretation of Cultures*, pp. 33 – 54. New York: Basic Books, 1973. Originally published in 1966.

Gerhard, Dietrich. "Periodization in European History." *American Historical Review* 61 (1956): 900 – 913.

——. "Periodization in History." In *Dictionary of the History of Ideas: Studies of Selected Pivotal Ideas*, vol. 3, edited by Philip P. Wiener, pp. 476 – 481. New York: Charles Scribner's Sons, 1973.

Gershoni, Israel, and James P. Jankowski. *Egypt, Islam, and the Arabs: The Search for Egyptian Nationhood*, 1900 – 1930. New York: Oxford University Press, 1986.

Gillis, John R. *A World of Their Own Making: Myth, Ritual, and the Quest for Family Values*. New York: Basic Books, 1996.

Glassie, Henry. *Passing the Time in Ballymenone: Culture and History of an Ulster Community*. Philadelphia: University of

Pennsylvania Press, 1982.

Gobineau, Arthur de. *The Inequality of Human Races*. New York: Howard Fertig, 1967. Originally published in 1854.

Goffman, Erving. *Stigma: Notes on the Management of Spoiled Identity*. Englewood Cliffs, N. J.: Prentice-Hall, 1963.

——. *Frame Analysis: An Essay on the Organization of Experience*. New York: Harper Colophon, 1974.

Goldberg, Carey. "DNA Offers Link to Black History." *New York Times*, 28 August 2000, sec. A, p. 10.

Goldberg, Jeffrey. "Israel's Y2K Problem." *New York Times Magazine*, 3 October 1999, pp. 38 – 77.

Goodman, Morris. "Serological Analysis of the Systematics of Recent Hominoids." *Human Biology* 35 (1963): 377 – 436.

——. "Reconstructing Human Evolution from Proteins." In *The Cambridge Encyclopedia of Human Evolution*, edited by Steve Jones et al., pp. 307 – 312. Cambridge: Cambridge University Press, 1992.

Goody, Jack. *The Development of the Family and Marriage in Europe*. Cambridge: Cambridge University Press, 1983.

Gordon, David C. *Self-Determination and History in the Third World*. Princeton, N. J.: Princeton University Press, 1971.

Gould, Stephen J. *Ontogeny and Phylogeny*. Cambridge, Mass.: Harvard University Press, 1977.

——. *Wonderful Life: The Burgess Shale and the Nature of*

History. New York:W. W. Norton,1989.

——. *The Structure of Evolutionary Theory*. Cambridge, Mass.: Harvard University Press,2002.

Grady,Denise. "Exchanging Obesity's Risks for Surgery's." *New York Times*,12 October 2000,sec. A,pp. 1,26.

Graham,Gordon. *The Shape of the Past: A Philosophical Approach to History*. Oxford:Oxford University Press,1997.

Gregory,Ruth W. *Anniversaries and Holidays*. 4th ed. Chicago: American Library Association,1983.

Gribbin,John. "Human vs. Gorilla:The 1% Advantage." *Science Digest* 90 (August 1982):73 –77.

Gribbin, John, and Jeremy Cherfas. *The Monkey Puzzle: Reshaping the Evolutionary Tree*. New York:Pantheon,1982.

Gricar,Julie M. "How Thick Is Blood? The Social Construction and Cultural Configuration of Kinship." Ph. D. diss.,Columbia University,1991.

Groves,Colin. "Human Origins." In *The First Humans: Human Origins and History to 10,000 B. C.*, edited by Göran Burenhult,pp. 33 –52. New York:HarperCollins,1993.

Groves, Colin P., and Vratislav Mazák. "An Approach to the Taxonomy of the Hominidae:Gracile Villafranchian Hominids in Africa." In *Naming Our Ancestors: An Anthology of Hominid Taxonomy*, edited by W. Eric Meikle and Sue T. Parker,pp. 107 –125. Prospect Heights,IL.:Waveland Press,

1994. Originally published in 1975.

Guare, John. *Six Degrees of Separation*. New York: Random House, 1990.

Gumbrecht, Hans U. *In 1926: Living at the Edge of Time*. Cambridge, Mass.: Harvard University Press, 1997.

Haeckel, Ernst. *Anthropogenie oder Entwickelungsgeschichte des Menschen*. Leipzig: Wilhelm Engelmann, 1874.

——. *The Evolution of Man: A Popular Exposition of the Principal Points of Human Ontogeny and Phylogeny*. New York: D. Appleton, 1879. Originally published in 1874.

Haines, Miranda, ed. *The Traveler's Handbook*. 7th ed. London: Wexas, 1997.

Halbwachs, Maurice. *The Social Frameworks of Memory*. In Maurice Halbwachs on *Collective Memory*, edited by Lewis A. Coser, pp. 37 – 189. Chicago: University of Chicago Press, 1992. Originally published in 1925.

——. *The Collective Memory*. New York: Harper Colophon, 1980. Originally published in 1950.

Hale, Thomas A. *Griots and Griottes: Masters of Words and Music*. Bloomington: Indiana University Press, 1998.

Haley, Alex. *Roots*. Garden City, N. Y.: Doubleday, 1976.

Hammond, Michael. "The Expulsion of the Neanderthals from Human Ancestry: Marcellin Boule and the Social Context of Scientific Research." *Social Studies of Science* 12 (1982): 1 – 36.

Hankiss, Agnes. "Ontologies of the Self: On the Mythological Rearranging of One's Life-History." In *Biography and Society: The Life History Approach in the Social Sciences*, edited by Daniel Bertaux, pp. 203 – 209. Beverly Hills, Calif.: Sage, 1981.

Hareven, Tamara K., and Kanji Masaoka. "Turning Points and Transitions: Perceptions of the Life Course." *Journal of Family History* 13 (1988): 271 – 289.

Hay, Robert P. "George Washington: American Moses." *American Quarterly* 21 (1969): 780 – 791. Heilman, Samuel C. *The People of the Book: Drama, Fellowship, and Religion*. Chicago: University of Chicago Press, 1983.

——. *A Walker in Jerusalem*. New York: Summit Books, 1986.

Henderson, Helene, and Sue Ellen Thompson, eds. *Holidays, Festivals, and Celebrations of the World Dictionary*. 2d ed. Detroit: Omnigraphics Inc., 1997.

Henige, David P. *The Chronology of Oral Tradition: Quest for a Chimera*. London: Oxford University Press, 1974.

Herbert, Ulrich. "Good Times, Bad Times." *History Today* 36 (February 1986): 42 – 48.

Herman, Arthur. *The Idea of Decline in Western History*. New York: Free Press, 1997.

Herzfeld, Michael. *Ours Once More: Folklore, Ideology, and the Making of Modern Greece*. New York: Pella, 1986. Originally published in 1982.

Herzog, Hana. "The Concepts 'Old Yishuv' and 'New Yishuv' from a Sociological Perspective" (in Hebrew). *Katedra* 32 (July 1984):99 – 108.

Hexter, J. H. *On Historians: Reappraisals of Some of the Makers of Modern History*. Cambridge, Mass.: Harvard University Press, 1979.

Hirst, William, and David Manier. "Remembering as Communication: A Family Recounts Its Past." In *Remembering Our Past: Studies in Autobiographical Memory*, edited by David C. Rubin, pp. 271 – 288. Cambridge: Cambridge University Press, 1996.

Hobsbawm, Eric J. "Introduction: Inventing Traditions." In *The Invention of Tradition*, edited by Eric J. Hobsbawm and Terence Ranger, pp. 1 – 14. Cambridge: Cambridge University Press, 1983.

Hoenigswald, Henry M. "Language Family Trees, Topological and Metrical." In *Biological Metaphor and Cladistic Classification: An Interdisciplinary Perspective*, edited by Henry M. Hoenigswald and Linda F. Wiener, pp. 257 – 267. Philadelphia: University of Pennsylvania Press, 1987.

Hoge, Warren. "Queen Breaks the Ice: Camilla's out of the Fridge." *New York Times*, 5 June 2000, sec. A, p. 4.

Holyoak, Keith J., and Paul Thagard. *Mental Leaps: Analogy in*

Creative Thought. Cambridge, Mass.: MIT Press, 1995.

Hood, Andrea. "Editing the Life Course: Autobiographical Narratives, Identity Transformations, and Retrospective Framing." Unpublished manuscript, Rutgers University, Department of Sociology, 2002.

Horne, Alistair. *To Lose a Battle: France* 1940. Boston: Little, Brown & Co., 1969.

Horwitz, Allan V. *The Logic of Social Control*. New York: Plenum, 1990.

Howard, Jenna. "Memory Reconstruction in Autobiographical Narrative Construction: Analysis of the Alcoholics Anonymous Recovery Narrative." Unpublished manuscript, Rutgers University, Department of Sociology, 2000.

Howe, Stephen. *Afrocentrism: Mythical Pasts and Imagined Homes*. London: Verso, 1998.

Howells, William W. "The Dispersion of Modern Humans." In *The Cambridge Encyclopedia of Human Evolution*, edited by Steve Jones et al., pp. 389 – 401. Cambridge: Cambridge University Press, 1992.

Hubert, Henri. "Etude Sommaire de la Représentation du Temps dans la Religion et la Magie." In *Mélanges d'Histoire des Religions*, edited by Henri Hubert and Marcel Mauss, pp. 189 – 229. Paris: Félix Alcan and Guillaumin, 1909. Originally published in 1905.

Hume, David. *A Treatise of Human Nature*. London: J. M. Dent, 1977. Originally published in 1739.

Huxley, Thomas H. *Evidence as to Man's Place in Nature*. Ann Arbor: University of Michigan Press, 1959. Originally published in 1863.

Irwin-Zarecka, Iwona. *Frames of Remembrance: The Dynamics of Collective Memory*. New Brunswick, N. J. : Transaction, 1994.

Isaacson, Nicole. "The Fetus-Infant: Changing Classifications of inutero Development in Medical Texts." *Sociological Forum* 11 (1996): 457 - 480.

James, Peter. *Centuries of Darkness: A Challenge to the Conventional Chronology of Old World Archaeology*. New Brunswick, N. J. : Rutgers University Press, 1993.

Jay, Nancy. *Throughout Your Generations Forever: Sacrifice, Religion, and Paternity*. Chicago: University of Chicago Press, 1992.

Jervis, Robert. *Perception and Misperception in International Politics*. Princeton, N. J. : Princeton University Press, 1976.

Jobs, Richard I. "The Promise of Youth: Age Categories as the Mental Framework of Rejuvenation in Postwar France." Paper presented at the Tenth Annual Interdisciplinary Conference for Graduate Scholarship, the Center for the Critical Analysis of Contemporary Culture, Rutgers University, New Brunswick, N. J. , March 2000.

Johanson, Donald, and Blake Edgar. *From Lucy to Language*. New York: Simon and Schuster, 1996.

Johnson, Marshall D. *The Purpose of the Biblical Genealogies with Special Reference to the Setting of the Genealogies of Jesus*. London: Cambridge University Press, 1969.

Jones, G. I. "Time and Oral Tradition with Special Reference to Eastern Nigeria." *Journal of African History* 6 (1965): 153 - 160.

Jones, Gwyn. *The Norse Atlantic Saga*. 2d ed. Oxford: Oxford University Press, 1986.

Joyce, James. *Ulysses*. New York: Random House, 1986. Originally published in 1922.

Kaniel, Yehoshua. *Continuity and Change: Old Yishuv and New Yishuv during the First and Second Aliyah* (in Hebrew). Jerusalem: Yad Itzhak Ben-Zvi Publications, 1981.

Katovich, Michael A., and Carl J. Couch. "The Nature of Social Pasts and Their Use as Foundations for Situated Action." *Symbolic Interaction* 15, no. 1 (1992): 25 - 47.

Katriel, Tamar. *Performing the Past: A Study of Israeli Settlement Museums*. Mahwah, N. J.: Lawrence Erlbaum Associates, 1997.

Kaufman, Michael T. "Two Distinct Peoples with Two Divergent Memories Battle over One Land." *New York Times*, 4 April 1999, International section, p. 10.

Kelley, Jay. "Evolution of Apes." In *The Cambridge Encyclopedia of Human Evolution*, edited by Steve Jones et al., pp. 223 – 230. Cambridge: Cambridge University Press, 1992.

Kern, Stephen. *The Culture of Time and Space 1880 – 1918*. Cambridge, Mass.: Harvard University Press, 1983.

Khalidi, Rashid I. "What 'Final Status'?" *New York Times*, 3 October 1996, sec. A, p. 23.

Khong, Yuen F. *Analogies at War: Korea, Munich, Dien Bien Phu, and the Vietnam Decisions of* 1965. Princeton, N. J.: Princeton University Press, 1992.

Kifner, John. "Israeli and Palestinian Leaders Vow to Keep Working for Peace." *New York Times*, 27 July 2000, sec. A, pp. 1, 11.

Kintsch, Walter, and Edith Greene. "The Role of Culture-Specific Schemata in the Comprehension and Recall of Stories." *Discourse Processes* 1 (1978): 1 – 13.

Klaatsch, Hermann. *The Evolution and Progress of Mankind*. New York: Frederick A. Stokes, 1923.

Koerner, Konrad. "On Schleicher and Trees." In *Biological Metaphor and Cladistic Classification: An Interdisciplinary Perspective*, edited by Henry M. Hoenigswald and Linda F. Wiener, pp. 109 – 113. Philadelphia: University of Pennsylvania Press, 1987.

Koonz, Claudia. "Between Memory and Oblivion: Concentration

Camps in German Memory." In *Commemorations: The Politics of National Identity*, edited by John R. Gillis, pp. 258 – 280. Princeton, N. J.: Princeton University Press, 1994.

Koselleck, Reinhart. "Modernity and the Planes of Historicity." In *Futures Past: On the Semantics of Historical Time*, pp. 3 – 20. Cambridge, Mass.: MIT Press, 1985. Originally published in 1968.

Krauss, Clifford. "Son of the Poor Is Elected in Peru over Ex-President." *New York Times*, 4 June 2001, sec. A, pp. 1, 6.

Kristof, Nicholas D. "With Genghis Revived, What Will Mongols Do?" *New York Times*, 23 March 1990, International section, p. A4.

Kubler, George. *The Shape of Time. New Haven*, Conn.: Yale University Press, 1962.

Lamarck, Jean-Baptiste. *Zoological Philosophy: An Exposition with Regard to the Natural History of Animals*. New York: Hafner, 1963. Originally published in 1809.

Landau, Misia. "Human Evolution as Narrative." *American Scientist* 72 (1984): 262 – 268.

Lasch, Christopher. *The True and Only Heaven: Progress and Its Critics*. New York: W. W. Norton, 1991.

Leach, Edmund. "Two Essays concerning the Symbolic Representation of Time." In *Rethinking Anthropology*, pp. 124 – 36. London: Athlone, 1961.

——. "On Certain Unconsidered Aspects of Double Descent Systems." *Man* 62 (1962): 130 – 134.

Leakey, Louis S. B., P. V. Tobias, and J. R. Napier. "A New Species of the Genus Homo from Olduvai Gorge." In *Naming Our Ancestors: An Anthology of Hominid Taxonomy*, edited by W. Eric Meikle and Sue T. Parker, pp. 94 – 101. Prospect Heights, IL.: Waveland Press, 1994. Originally published in 1964.

Lévi-Strauss, Claude. *The Savage Mind*. Chicago: University of Chicago Press, 1966. Originally published in 1962.

Lewis, Bernard. *History: Remembered, Recovered, Invented.* Princeton, N. J.: Princeton University Press, 1975.

Lewis, Martin W., and Kären E. Wigen. *The Myth of Continents: A Critique of Metageography*. Berkeley and Los Angeles: University of California Press, 1997.

Lewontin, Richard. *Human Diversity*. New York: Scientific American Books, 1982.

Libove, Jessica. "Guardians of Collective Memory: The Mnemonic Functions of the Griot in West Africa." Unpublished manuscript, Rutgers University, Department of Anthropology, 2000.

Lipson, Marjorie Y. "The Influence of Religious Affiliation on Children's Memory for Text Information." *Reading Research Quarterly* 18 (1983): 448 – 457.

Loewen, James W. *Lies My Teacher Told Me: Everything Your American History Textbook Got Wrong*. New York: Touchstone, 1996.

Lorenz, Konrad. *On Aggression*. New York: Bantam, 1971. Originally published in 1963.

Lovejoy, Arthur O. *The Great Chain of Being: A Study of the History of an Idea*. Cambridge, Mass.: Harvard University Press, 1936.

——. "The Argument for Organic Evolution before the Origin of Species, 1830 – 1858." In *Forerunners of Darwin: 1745 – 1859*, edited by Bentley Glass et al., pp. 356 – 414. Baltimore: Johns Hopkins University Press, 1959.

Lowenstein, Jerold, and Adrienne Zihlman. "The Invisible Ape." *New Scientist*, 3 December 1988, pp. 56 – 59.

Lowenthal, David. *The Past Is a Foreign Country*. Cambridge: Cambridge University Press, 1985.

——. *Possessed by the Past: The Heritage Crusade and the Spoils of History*. New York: Free Press, 1996.

Lynch, Kevin. *What Time Is This Place?* Cambridge, Mass.: MIT Press, 1972.

Maclear, Michael. *The Ten Thousand Day War: Vietnam*, 1945 – 1975. Toronto: Methuen, 1981.

Malcolm, Noel. *Kosovo: A Short History*. Updated ed. New York: Harper Perennial, 1999.

Malkki, Lisa H. *Purity and Exile: Violence, Memory, and National Cosmology among Hutu Refugees in Tanzania*. Chicago: University of Chicago Press, 1995.

Mandler, Jean M. *Stories, Scripts, and Scenes: Aspects of Schema Theory*. Hillsdale, N. J.: Lawrence Erlbaum, 1984.

Mannheim, Karl. "The Problem of Generations." In *Essays on the Sociology of Knowledge*, pp. 276 – 320. London: Routledge and Kegan Paul, 1951. Originally published in 1927.

——. *Ideology and Utopia: An Introduction to the Sociology of Knowledge*. New York: Harvest Books, 1936. Originally published in 1929.

Martin, Robert. "Classification and Evolutionary Relationships." In *The Cambridge Encyclopedia of Human Evolution*, edited by Steve Jones et al., pp. 17 – 23. Cambridge: Cambridge University Press, 1992.

Marx, Karl. "The Eighteenth Brumaire of Louis Bonaparte." In *The Marx-Engels Reader*, edited by Robert C. Tucker, 2d ed., pp. 594 – 617. New York: W. W. Norton, 1978. Originally published in 1852.

May, Ernest R. "*Lessons*" *of the Past: The Use and Misuse of History in American Foreign Policy*. New York: Oxford University Press, 1973.

Mayr, Ernst. "Taxonomic Categories in Fossil Hominids." In *Naming Our Ancestors: An Anthology of Hominid Taxonomy*, edited by Eric Meikle and Sue T. Parker, pp. 152 – 170. Prospect Heights, IL.: Waveland Press, 1994. Originally published in 1950.

——. "The Taxonomic Evaluation of Fossil Hominids." In *Climbing Man's Family Tree: A Collection of Major Writings on Human Phylogeny*, 1699 *to* 1971, edited by Theodore D. McCown and Kenneth A. R. Kennedy, pp. 372 – 386. Englewood Cliffs, N. J.: Prentice-Hall, 1972. Originally published in 1963.

McAdams, Dan P. *The Stories We Live By: Personal Myths and the Making of the Self*. New York: William Morrow, 1993.

McCain, John. Interview by Bob Edwards. Morning News. *National Public Radio*, 14 September 2001.

McCown, Theodore D., and Kenneth A. R. Kennedy, eds. *Climbing Man's Family Tree: A Collection of Major Writings on Human Phylogeny*, 1699 *to* 1971. Englewood Cliffs, N. J.: Prentice-Hall, 1972.

McNeil, Kenneth, and James D. Thompson. "The Regeneration of Social Organizations." *American Sociological Review* 36 (1971): 624 – 37.

Meikle, W. Eric, and Sue T. Parker. "Introduction: Names, Binomina, and Nomenclature in Paleoanthropology." In *Naming Our Ancestors: An Anthology of Hominid Taxonomy*, pp. 1 – 18. Prospect Heights, IL.: Waveland Press, 1994.

Milgram, Stanley. "The Small World Problem." In *The Individual in a Social World: Essays and Experiments*, 2d ed., pp. 259 – 275. New York: McGraw-Hill, 1992. Originally published in 1967.

Miller, Joseph C. "Introduction: Listening for the African Past." In *The African Past Speaks: Essays on Oral Tradition and History*, pp. 1 – 59. Folkestone, England: William Dawson, 1980.

Milligan, Melinda J. "Interactional Past and Potential: The Social Construction of Place Attachment." *Symbolic Interaction* 21 (1998): 1 – 33.

"Montenegro Asks Forgiveness from Croatia." *New York Times*, 25 June 2000, International section, p. 9.

Morgan, Lewis H. *Systems of Consanguinity and Affinity of the Human Family*. Lincoln: University of Nebraska Press, 1997. Originally published in 1871.

Morris, Desmond. *The Naked Ape*. New York: McGraw-Hill, 1967.

Morris, Ian. "Periodization and the Heroes: Inventing a Dark Age." In *Inventing Ancient Culture: Historicism, Periodization, and the Ancient World*, edited by Mark Golden and Peter Toohey, pp. 96 – 131. London: Routledge, 1997.

Morris, Ramona, and Desmond Morris. *Men and Apes*. New York: Bantam, 1968. Originally published in 1966.

Mullaney, Jamie. "Making It 'Count': Mental Weighing and

Identity Attribution." *Symbolic Interaction* 22 (1999):269-283.

——. "Like A Virgin: Temptation, Resistance, and the Construction of Identities Based on 'Not Doings.'" *Qualitative Sociology* 24 (2001):3-24.

Murchie, Guy. *The Seven Mysteries of Life: An Exploration in Science and Philosophy*. New York: Mariner Books, 1999. Originally published in 1978.

Mydans, Seth. "Cambodian Leader Resists Punishing Top Khmer Rouge." *New York Times*, 29 December 1998, sec. A, p. 1.

——. "Under Prodding, 2 Apologize for Cambodian Anguish." *New York Times*, 30 December 1998, International section.

Neustadt, Richard E., and Ernest R. May. *Thinking in Time: The Uses of History for Decision-Makers*. New York: Free Press, 1986.

Nora, Pierre. "Between Memory and History: Les Lieux de Memoire." *Representations* 26 (1989):7-25.

Nuttall, George H. *Blood Immunity and Blood Relationship: A Demonstration of Certain Blood-Relationships amongst Animals by means of the Precipitin Test for Blood*. Cambridge: Cambridge University Press, 1904.

Ojito, Mirta. "Blacks on a Brooklyn Street: Both Cynics and Optimists Speak Out." *New York Times*, 26 March 1998, International section, p. A13.

Onishi, Norimitsu. " A Tale of the Mullah and Muhammad's Amazing Cloak. "*New York Times*, 19 December 2001, sec. B, pp. 1 – 3.

Oppenheimer, Jane M. " Haeckel's Variations on Darwin. " In *Biological Metaphor and Cladistic Classification: An Interdisciplinary Perspective*, edited by Henry M. Hoenigswald and Linda F. Wiener, pp. 123 – 135. Philadelphia: University of Pennsylvania Press, 1987.

Packard, Vance. *The Waste Makers*. New York: David McKay, 1960.

Park, Robert E., and Ernest W. Burgess. *Introduction to the Science of Sociology*. Abridged ed. Chicago: University of Chicago Press, 1969. Originally published in 1921.

Parsons, Talcott. " The Kinship System of the Contemporary United States. "In *Essays in Sociological Theory*, pp. 177 – 196. Rev. ed. New York: Free Press, 1964. Originally published in 1943.

Peirce, Charles S. *Collected Papers of Charles Sanders Peirce*. Cambridge, Mass.: Harvard University Press, 1962. Originally published in 1932.

Perring, Stefania, and Dominic Perring. *Then and Now*. New York: Macmillan, 1991.

Pillemer, David B. *Momentous Events, Vivid Memories*. Cambridge, Mass.: Harvard University Press, 1998.

Polacco, Patricia. *Pink and Say*. New York: Philomel Books, 1994.

Pool, Ithiel de Sola, and Manfred Kochen. "Contacts and Influence." In *The Small World*, edited by Manfred Kochen, pp. 3 – 51. Norwood, N. J.: Ablex, 1989. Originally published in 1978.

Popkin, Richard H. "The Pre-Adamite Theory in the Renaissance." In *Philosophy and Humanism: Renaissance Essays in Honor of Paul Oskar Kristeller*, edited by Edward P. Mahoney, pp. 50 – 69. New York: Columbia University Press, 1976.

Powell, Bill. "The Innocents of WW Ⅱ?" *Newsweek*, 12 December 1994, pp. 52 – 53.

Pritchard, Robert. "The Effects of Cultural Schemata on Reading Processing Strategies." *Reading Research Quarterly* 25 (1990): 273 – 295.

Purcell, Kristen. "Leveling the Playing Field: Constructing Parity in the Modern World." Ph. D. diss., Rutgers University, 2001.

Radcliffe-Brown, Alfred R. "Patrilineal and Matrilineal Succession." In *Structure and Function in Primitive Society*, pp. 32 – 48. New York: Free Press, 1965. Originally published in 1935.

——. "The Study of Kinship Systems." In *Structure and Function in Primitive Society*, pp. 49 – 89. New York: Free Press, 1965. Originally published in 1941.

Reader, John. *Missing Links: The Hunt for Earliest Man*. Boston: Little, Brown, & Co., 1981.

Remnick, David. "The Outsider." *The New Yorker*, 25 May 1998, pp. 80 – 95.

Rendsburg, Gary A. "Archeological Fairness." *New York Times*, 11 October 1996, sec. A, p. 38.

Renfrew, Colin. *Archaeology and Language: The Puzzle of Indo-European Origins*. New York: Cambridge University Press, 1987.

Richards, Robert J. *The Meaning of Evolution: The Morphological Construction and Ideological Reconstruction of Darwin's Theory*. Chicago: University of Chicago Press, 1992.

Ritvo, Harriet. "Border Trouble: Shifting the Line between People and Other Animals." *Social Research* 62 (1995): 481 – 500.

Robinson, John A. "First Experience Memories: Contexts and Functions in Personal Histories." In *Theoretical Perspectives on Autobiographical Memory*, edited by Martin A. Conway et al., pp. 223 – 239. Dordrecht: Kluwer Academic Publishers, 1992.

Rogers, Alan R., and Lynn B. Jorde. "Genetic Evidence on Modern Human Origins." *Human Biology* 67 (1995): 1 – 36.

Rolston, Bill. *Drawing Support: Murals in the North of Ireland*. Belfast: Beyond the Pale Publications, 1992.

Rosenberg, Harold. *Saul Steinberg*. New York: Alfred A. Knopf, 1978.

Rosenblum, Doron. "Because Somebody Needs to Be an Israeli in Israel" (in Hebrew). *Ha'aretz*, 29 April 1998, Independence Day Supplement.

Rubinstein, Amnon. *To Be a Free People* (in Hebrew). Tel-Aviv: Schocken, 1977.

Ruvolo, Maryellen, et al. "Mitochondrial COII Sequences and Modern Human Origins." *Molecular Biology and Evolution 10* (1993): 1115 – 1135.

Sachs, Susan. "Bin Laden Images Mesmerize Muslims." *New York Times*, 9 October 2001, sec. B, p. 6.

Sahlins, Marshall. *Historical Metaphors and Mythical Realities: Structure in the Early History of the Sandwich Islands Kingdom*. Ann Arbor: University of Michigan Press, 1981.

Sarich, Vincent. "Immunological Evidence on Primates." In *The Cambridge Encyclopedia of Human Evolution*, edited by Steve Jones et al., pp. 303 – 306. Cambridge: Cambridge University Press, 1992.

Sarich, Vincent, and Allan C. Wilson. "Immunological Time Scale for Hominid Evolution." *Science* 158 (1967): 1200 – 1203.

Saussure, Ferdinand de. *Course in General Linguistics*. New York: Philosophical Library, 1959. Originally published in 1915.

Schank, Roger C., and Robert P. Abelson. "Scripts, Plans, and

Knowledge." In *Thinking: Readings in Cognitive Science*, edited by P. N. Johnson-Laird and P. C. Wason, pp. 421 – 432. Cambridge: Cambridge University Press, 1977.

Schiff, Zeev, and Eitan Haber, eds. *Israel, Army, and Defense: A Dictionary* (in Hebrew). Jerusalem: Zmora, Bitan, Modan, 1976.

Schmitt, Raymond L. "Symbolic Immortality in Ordinary Contexts: Impediments to the Nuclear Era." *Omega* 13 (1982 – 83): 95 – 116.

Schneider, David M. *American Kinship: A Cultural Account*. Englewood Cliffs, N. J.: Prentice-Hall, 1968.

Schneider, Herbert W., and Shepard B. Clough. *Making Fascists*. Chicago: University of Chicago Press, 1929.

Schuman, Howard, and Cheryl Rieger. "Historical Analogies, Generational Effects, and Attitudes toward War." *American Sociological Review* 57 (1992): 315 – 326.

Schuman, Howard, and Jacqueline Scott. "Generations and Collective Memories." *American Sociological Review* 54 (1989): 359 – 381.

Schusky, Ernest L. *Variation in Kinship*. New York: Holt, Rinehart, and Winston, 1974.

Schutz, Alfred. "Phenomenology and the Social Sciences." In *Collected Papers*, vol. 1: *The Problem of Social Reality*, edited by Maurice Natanson, pp. 118 – 139. The Hague: Martinus

Nijhoff, 1973. Originally published in 1940.

——. "Making Music Together: A Study in Social Relationship." In *Collected Papers, vol. 2: Studies in Social Theory*, edited by Arvid Brodersen, pp. 159 - 178. The Hague: Martinus Nijhoff, 1964. Originally published in 1951.

Schutz, Alfred, and Thomas Luckmann. *The Structures of the Life-World*. Evanston, IL.: Northwestern University Press, 1973.

Schwartz, Barry. *Vertical Classification: A Study in Structuralism and the Sociology of Knowledge*. Chicago: University of Chicago Press, 1981.

——. "The Social Context of Commemoration: A Study in Collective Memory." *Social Forces* 61 (1982): 374 - 396.

——. *Scott 1999 Standard Postage Stamp Catalogue*. Sidney, Ohio: Scott Publishing Co., 1998.

Secord, James A. *Introduction to Vestiges of the Natural History of Creation*, by Robert Chambers, pp. ix - xlv. Chicago: University of Chicago Press, 1994.

Shils, Edward. *Tradition*. Chicago: University of Chicago Press, 1981.

Shoumatoff, Alex. *The Mountain of Names: A History of the Human Family*. New York: Simon and Schuster, 1985.

Sibley, Charles G. "DNA-DNA Hybridisation in the Study of Primate Evolution." In *The Cambridge Encyclopedia of Human Evolution*, edited by Steve Jones et al., pp. 313 - 315.

Cambridge:Cambridge University Press,1992.

Silberman, Neil A. *Between Past and Present: Archaeology, Ideology, and Nationalism in the Modern Middle East*. New York:Henry Holt,1989.

Silver, Ira. "Role Transitions, Objects, and Identity." *Symbolic Interaction* 19,no. 1 (1996):1-20.

Simmel, Georg. "The Persistence of Social Groups." American Journal of Sociology 3 (1897-98):662-698.

——. *The Sociology of Georg Simmel*, edited by Kurt H. Wolff. New York:Free Press,1950. Originally published in 1908.

——. "Written Communication." In *The Sociology of Georg Simmel*, edited by Kurt H. Wolff, pp. 352-355. New York: Free Press,1950. Originally published in 1908.

——. "Bridge and Door." *Theory, Culture & Society* 11 (1994): 5-10. Originally published in 1909.

Simpson, George G. *Principles of Animal Taxonomy*. New York: Columbia University Press,1961.

——. "The Meaning of Taxonomic Statements." In *Naming Our Ancestors: An Anthology of Hominid Taxonomy*, edited by W. Eric Meikle and Sue T. Parker, pp. 172-206. Prospect Heights, Ill.:Waveland,1994. Originally published in 1963.

Simpson, Ruth. "I Was There:Establishing Ownership of Historical Moments." Paper presented at the Annual Meeting of the American Sociological Association, Los Angeles,1994.

——. "Microscopic Worlds, Miasmatic Theories, and Myopic Vision: Changing Conceptions of Air and Social Space." Paper presented at the Annual Meeting of the American Sociological Association, Chicago, 1999.

Smith, Anthony D. *The Ethnic Origins of Nations*. Oxford: Basil Blackwell, 1986.

Smith, Jason S. "The Strange History of the Decade: Modernity, Nostalgia, and the Perils of Periodization." *Journal of Social History* 32 (1998): 263 – 285.

Snodgrass, A. M. *The Dark Age of Greece: An Archeological Survey of the Eleventh to the Eighth Centuries B. C.* Edinburgh: Edinburgh University Press, 1971.

Sokolowski, S. Wojciech. "Historical Tradition in the Service of Ideology." *Conjecture* (September 1992): 4 – 11.

Sorabji, Richard. *Time, Creation, and the Continuum: Theories in Antiquity and the Early Middle Ages*. Ithaca, N. Y.: Cornell University Press, 1983.

Sorokin, Pitirim A. *Sociocultural Causality, Space, Time: A Study of Referential Principles of Sociology and Social Science*. Durham, N. C.: Duke University Press, 1943.

Sorokin, Pitirim A., and Robert K. Merton. "Social Time: A Methodological and Functional Analysis." *American Journal of Sociology 42* (1937): 615 – 629.

"Special Purim." *Encyclopaedia Judaica 13: 1396 – 1400.*

Jerusalem: Keter, 1972.

Spencer, Herbert. *Principles of Sociology*. Hamden, Conn.: Archon, 1969. Originally published in 1876.

Spillman, Lyn. *Nation and Commemoration: Creating National Identities in the United States and Australia*. Cambridge: Cambridge University Press, 1997.

——. "When Do Collective Memories Last? Founding Moments in the United States and Australia." *Social Science History 22* (1998): 445 – 477.

Steffensen, Margaret S., Chitra Joag-Dev, and Richard C. Anderson. "A Cross-Cultural Per-spective on Reading Comprehension." *Reading Research Quarterly* 15 (1979): 10 – 29.

Stepan, Nancy. *The Idea of Race in Science: Great Britain* 1800 – 1960. Hamden, Conn.: Ar-chon Books, 1982.

Stocking, George W. "French Anthropology in 1800." In *Race, Culture, and Evolution: Essays in the History of Anthropology*, pp. 15 – 41. New York: Free Press, 1968. Originally published in 1964.

——. "The Dark – Skinned Savage: The Image of Primitive Man in Evolutionary Anthropology." In *Race, Culture, and Evolution: Essays in the History of Anthropology*, pp. 112 – 132. New York: Free Press, 1968.

——. "The Persistence of Polygenist Thought in Post-Darwinian Anthropology." In *Race, Culture, and Evolution: Essays in the History of Anthropology*, pp. 44 – 68. New York: Free Press, 1968.

Stovel, Katherine. "The Malleability of Precedent." Paper presented at the Annual Meeting of the Social Science History Association, New Orleans, 1996.

Strauss, Anselm L. *Mirrors and Masks: The Search for Identity*. London: Martin Robertson, 1977.

Strauss, Barry S. "The Problem of Periodization: The Case of the Peloponnesian War." In *Inventing Ancient Culture: Historicism, Periodization, and the Ancient World*, edited by Mark Golden and Peter Toohey, pp. 165 – 175. London: Routledge, 1997.

Stringer, Christopher. "Evolution of Early Humans." In *The Cambridge Encyclopedia of Human Evolution*, edited by Steve Jones et al., pp. 241 – 251. Cambridge: Cambridge University Press, 1992.

Stringer, Christopher, and Robin McKie. *African Exodus: The Origins of Modern Humanity*. New York: Henry Holt, 1997. Originally published in 1996.

Swadesh, Morris. "What Is Glottochronology?" In *The Origin and Diversification of Language*, pp. 271 – 284. Chicago: Aldine, 1971. Originally published in 1960.

Tattersall, Ian. "Species Recognition in Human Paleontology." In

Naming Our Ancestors: An Anthology of Hominid Taxonomy, edited by W. Eric Meikle and Sue T. Parker, pp. 240 – 254. Prospect Heights, Ill.: Waveland Press, 1994. Originally published in 1986.

——. *The Fossil Trail: How We Know What We Think We Know about Human Evolution*. New York: Oxford University Press, 1995.

Tattersall, Ian, and Jeffrey H. Schwartz. *Extinct Humans*. Boulder, Colo.: Westview, 2000.

Temkin, Owsei. "The Idea of Descent in Post-Romantic German Biology: 1848 – 1858." In *Forerunners of Darwin: 1745 – 1859*, edited by Bentley Glass et al., pp. 323 – 355. Baltimore: Johns Hopkins University Press, 1959.

Thomas, Evan. "The Road to September 11." *Newsweek*, 1 October 2001, pp. 38 – 49.

Thomas, Northcote W. *Kinship Organisations and Group Marriage in Australia*. New York: Humanities Press, 1966. Originally published in 1906. Thorne, Alan G., and Milford H. Wolpoff. "Regional Continuity in Australasian Pleistocene Hominid Evolution." *American Journal of Physical Anthropology* 55 (1981): 337 – 349.

Toffler, Alvin. *Future Shock*. New York: Random House, 1970.

Tönnies, Ferdinand. *Community and Society*. New York: Harper Torchbooks, 1963. Originally published in 1887.

Topinard, Paul. *Anthropology*. London: Chapman & Hall, 1878.

Traas, Wendy. "Turning Points and Defining Moments: An Exploration of the Narrative Styles That Structure the Personal and Group Identities of Born-Again Christians and Gays and Lesbians." Unpublished manuscript, Rutgers University, Department of Sociology, 2000.

Trevor-Roper, Hugh. "The Invention of Tradition: The Highland Tradition of Scotland." In The *Invention of Tradition*, edited by Eric J. Hobsbawm and Terence Ranger, pp. 15 – 41. Cambridge: Cambridge University Press, 1983.

Turner, Victor. "Betwixt and Between: The Liminal Period in Rites de Passage." In *The Forest of Symbols: Aspects of Ndembu Ritual*, pp. 93 – 111. Ithaca, N. Y.: Cornell University Press, 1970. Originally published in 1964.

Twine, France W. *Racism in a Racial Democracy: The Maintenance of White Supremacy in Brazil*. New Brunswick, N. J.: Rutgers University Press, 1998.

Van Gennep, Arnold. *The Rites of Passage*. Chicago: University of Chicago Press, 1960. Originally published in 1908.

Van Natta, Don, and James Risen. "Investigators Say Evidence Points to Bin Laden Aides as Planning Attack." *New York Times*, 8 October 2001, sec. B, p. 7.

Vansina, Jan. *Oral Tradition as History*. Madison: University of Wisconsin Press, 1985.

Verdery, Katherine. *The Political Lives of Dead Bodies: Reburial and Postsocialist Change*. New York: Columbia University Press, 1999.

Vinitzky-Seroussi, Vered. *After Pomp and Circumstance: High School Reunion as an Autobiographical Occasion*. Chicago: University of Chicago Press, 1998.

——. "Commemorating a Difficult Past: Yitzhak Rabin's Memorials." *American Sociological Review* 67 (2002): 30 – 51.

Vogt, Carl. *Lectures on Man: His Place in Creation and in the History of the Earth*. London: Longman, Green, Longman, and Roberts, 1864.

Wachter, Kenneth W. "Ancestors at the Norman Conquest." In *Genealogical Demography*, edited by Bennett Dyke and Warren T. Morrill, pp. 85 – 93. New York: Academic Press, 1980.

Wade, Nicholas. "To People the World, Start With 500." *New York Times*, 11 November 1997, sec. F, pp. 1 – 3.

——. "The Human Family Tree: 10 Adams and 18 Eves." *New York Times*, 2 May 2000, sec. F, pp. 1 – 5.

——. "The Origin of the Europeans." *New York Times*, 14 November 2000, sec. F, pp. 1 – 9.

Wagner, Anthony. "Bridges to Antiquity." In *Pedigree and Progress: Essays in the Genealogical Interpretation of History*, pp. 50 – 75. London: Phillimore, 1975.

Wagner-Pacifici, Robin. *Theorizing the Standoff: Contingency in Action*. Cambridge: Cambridge University Press, 2000.

Walzer, Michael. *Exodus and Revolution*. New York: Basic Books, 1984.

Warner, W. Lloyd. *The Living and the Dead*. New Haven, Conn.: Yale University Press, 1959.

——. *The Family of God*. New Haven, Conn.: Yale University Press, 1961.

Waters, Mary C. *Ethnic Options: Choosing Identities in America*. Berkeley and Los Angeles: University of California Press, 1990.

Weaver, Robert S. *International Holidays: 204 Countries from* 1994 *through* 2015. Jefferson, N. C.: McFarland, 1995.

Weber, Max. *Economy and Society: An Outline of Interpretive Sociology*. Berkeley and Los Angeles: University of California Press, 1978. Originally published in 1925.

Weidenreich, Franz. "Facts and Speculations concerning the Origin of Homo sapiens." In *Climbing Man's Family Tree: A Collection of Major Writings on Human Phylogeny*, 1699 *to* 1971, edited by Theodore D. McCown and Kenneth A. R. Kennedy, pp. 336 – 353. Englewood Cliffs, N. J.: Prentice-Hall, 1972. Originally published in 1947.

Wells, Rulon S. "The Life and Growth of Language: Metaphors in Biology and Linguistics." In *Biological Metaphor and Cladistic*

Classification: An Interdisciplinary Perspective, edited by Henry M. Hoenigswald and Linda F. Wiener, pp. 39 – 80. Philadelphia: University of Pennsylvania Press, 1987.

Werner, Heinz. *Comparative Psychology of Mental Development*. Rev. ed. New York: International Universities Press, 1957.

West, Elliott. "A Longer, Grimmer, but More Interesting Story." In *Trails toward a New Western History*, edited by Patricia Nelson Limerick et al., pp. 103 – 11. Lawrence: University Press of Kansas, 1991.

White, Hayden. "The Historical Text as Literary Artifact." In *Tropics of Discourse: Essays in Cultural Criticism*, pp. 81 – 99. Baltimore: Johns Hopkins University Press, 1978. Origi-nally published in 1974.

Wilcox, Donald J. *The Measure of Times Past: Pre-Newtonian Chronologies and the Rhetoric of Relative Time*. Chicago: University of Chicago Press, 1987.

Wilford, John N. "When Humans Became Human." *New York Times*, 26 February 2002, sec. F, pp. 1, 5.

——. "A Fossil Unearthed in Africa Pushes Back Human Origins." *New York Times*, 11 July 2002, sec. A, pp. 1, 12.

Wilson, Ian. *The Shroud of Turin: The Burial Cloth of Jesus Christ?* Garden City, N. Y.: Doubleday, 1978.

Winnicott, D. W. "Transitional Objects and Transitional Phenomena." In *Playing and Reality*, pp. 1 – 25. London:

Tavistock,1971. Originally published in 1953.

Wise,Michael Z. "Idea of a Unified Cultural Heritage Divides Europe." *New York Times*,29 January 2000,sec. B,pp. 9 – 11.

Wolpoff,Milford H. ,et al. "Modern Human Origins." *Science* 241 (1988):772 – 773.

Wood, Bernard A. "Evolution and Australopithecines." In *The Cambridge Encyclopedia of Human Evolution*, edited by Steve Jones et al. , pp. 231 – 240. Cambridge: Cambridge University Press,1992.

Woodward, Kenneth L. "2000 Years of Jesus." *Newsweek*, 29 March 1999,pp. 52 – 55.

Yerushalmi, Yosef H. *Zakhor: Jewish History and Jewish Memory*. Seattle: University of Washington Press,1982.

Young,Marilyn B. *The Vietnam Wars 1945 – 1990*. New York: HarperCollins,1991.

Zerubavel,Eviatar. "The French Republican Calendar: A Case Study in the Sociology of Time." *American Sociological Review* 42 (1977):868 – 877.

——. *Patterns of Time in Hospital Life: A Sociological Perspective*. Chicago: University of Chicago Press,1979.

——. "If Simmel Were a Fieldworker: On Formal Sociological Theory and Analytical Field Research." *Symbolic Interaction* *3*,no. 2 (1980):25 – 33.

——. *Hidden Rhythms: Schedules and Calendars in Social Life*. Chicago: University of Chicago Press, 1981.

——. "Easter and Passover: On Calendars and Group Identity." *American Sociological Review* 47 (1982): 284 – 289.

——. "Personal Information and Social Life." *Symbolic Interaction* 5, no. 1 (1982): 97 – 109.

——. *The Seven-Day Circle: The History and Meaning of the Week*. New York: Free Press, 1985.

——. *The Fine Line: Making Distinctions in Everyday Life*. New York: Free Press, 1991.

——. *Terra Cognita: The Mental Discovery of America*. New Brunswick, N. J.: Rutgers University Press, 1992.

——. "In the Beginning: Notes on the Social Construction of Historical Discontinuity." *Sociological Inquiry* 63 (1993): 457 – 459.

——. "Lumping and Splitting: Notes on Social Classification." *Sociological Forum* 11 (1996): 421 – 433.

——. *Social Mindscapes: An Invitation to Cognitive Sociology*. Cambridge, Mass.: Harvard University Press, 1997.

——. "Language and Memory: 'Pre-Columbian' America and the Social Logic of Periodization." *Social Research* 65 (1998): 315 – 330.

——. *The Clockwork Muse: A Practical Guide to Writing Theses, Dissertations, and Books*. Cambridge, Mass.: Harvard

University Press,1999.

——. "The Elephant in the Room: Notes on the Social Organization of Denial." In *Culture in Mind: Toward a Sociology of Culture and Cognition*, edited by Karen A. Cerulo, pp. 21 – 27. New York: Routledge, 2002.

——. "Calendars and History: A Comparative Study of the Social Organization of National Memory." In *States of Memory: Conflicts, Continuities, and Transformations in National Commemoration*, edited by Jeffrey K. Olick. Durham, N. C.: Duke University Press, in press.

——. "The Social Marking of the Past: Toward a Socio-Semiotics of Memory." In *The Cultural Turn*, edited by Roger Friedland and John Mohr. Cambridge: Cambridge University Press, in press.

Zerubavel, Yael. "The Death of Memory and the Memory of Death: Masada and the Holocaust as Historical Metaphors." *Representations* 45 (winter 1994): 72 – 100.

——. *Recovered Roots: Collective Memory and the Making of Israeli National Tradition*. Chicago: University of Chicago Press, 1995.

——. "The Forest as a National Icon: Literature, Politics, and the Archeology of Memory." *Israel Studies* 1 (1996): 60 – 99.

——. "Travels in Time and Space: Legendary Literature as a Vehicle for Shaping Collective Memory" (in Hebrew). *Teorya*

Uviqoret 10 (summer 1997):69 – 80.

——. "The Mythological Sabra and the Jewish Past: Trauma, Memory, and Contested Identities." *Israel Studies* 7 (2002).

——. *Desert Images: Visions of the Counter-Place in Israeli Culture*. Chicago: University of Chicago Press, forthcoming.

Zielbauer, Paul. "Found in Clutter, a Relic of Lincoln's Death." *New York Times*, 5 July 2001, sec. A, p. 1 – sec. B, p. 5.

Zussman, Robert. "Autobiographical Occasions: Photography and the Representation of the Self." Paper presented at the Annual Meeting of the American Sociological Association, Chicago, August 1999.

作者索引

－A－

- B -

－C－

-D-

－E－

－F－

－G－

－H－

– I –

– J –

-K-

－L－

-M-

– N –

－O－

－P－

-R-

-S-

– T –

– V –

-W-

索　引

（索引页码均为英文原著页码，即本书边码）

- B -

-C-

- D -

－E－

-**F**-

－G－

-H-

－I－

- J -

－K－

－L－

– N –

－O－

－P－

－Q－

－R－

-S-

- T -

－U－

－V－

- W -

- Y -

- Z -